职业教育园林园艺类专业系列教材

园　林

计算机辅助设计

第 2 版

主　编　周沁沁

副主编　李珍林　俞　璐

参　编　姜春子　李温喜　汤泽华

主　审　熊　亮

机械工业出版社

本书主要针对中、高职的园林设计表现课程，以项目驱动教学的形式编写，主要内容有 Photoshop 软件及 SketchUp 软件两部分，介绍软件在园林景观设计中的常用命令及实际操作。 Photoshop 软件部分包括广场彩色平面图制作、道路透视效果图制作、居住小区透视效果图制作；SketchUp 软件部分包括各类型园林设计要素模型制作、庭院景观模型制作以及公园模型制作与渲染。另外，本书还介绍了园林设计拓展软件 Lumion 的基本操作。

本书考虑不同层次读者的需求，以图片为主，编写软件操作过程，简单易懂；教学资源库丰富，有相应的操作演示视频及课后练习。凡使用本书作为授课教材的教师，均可登录 www.cmpedu.com 下载配套资源；此外，读者也可加入机工社园林园艺专家群（QQ群号：425764048）交流讨论。

本书适合于园林技术专业、园林工程技术专业、风景园林设计专业、环境艺术设计专业等相关专业学生使用。

图书在版编目（CIP）数据

园林计算机辅助设计 / 周沁沁主编. -- 2版.
北京 ：机械工业出版社，2024.8. -- (职业教育园林园艺类专业系列教材). -- ISBN 978-7-111-76660-5

Ⅰ. TU986.2-39
中国国家版本馆CIP数据核字第2024VB6220号

机械工业出版社（北京市百万庄大街22号　邮政编码100037）
策划编辑：陈紫青　　　　　　　责任编辑：陈紫青　高凤春
责任校对：潘　蕊　李　婷　　　封面设计：马精明
责任印制：单爱军
北京虎彩文化传播有限公司印刷
2024年12月第2版第1次印刷
210mm×285mm · 11印张 · 333千字
标准书号：ISBN 978-7-111-76660-5
定价：49.00元

电话服务　　　　　　　　　　　网络服务
客服电话：010-88361066　　　机 工 官 网：www.cmpbook.com
　　　　　010-88379833　　　机 工 官 博：weibo.com/cmp1952
　　　　　010-68326294　　　金 书 网：www.golden-book.com
封底无防伪标均为盗版　　　机工教育服务网：www.cmpedu.com

前　言

本书以园林设计职业能力分析为依据，园林计算机辅助设计典型工作项目为依托，工作任务为主线进行编写，在第 1 版基础上，对篇幅进行精简，增加资源库建设内容，突出职业教育技能成才的特色，贯彻落实党的二十大精神。

本书主要特色有：

1. 以工作岗位项目驱动教学。本书对接园林设计师工作岗位，以实际项目案例驱动教学讲授、实操，项目内容涵盖城市广场设计、道路绿化设计、休闲绿地设计、园林小品建筑模型设计、庭院设计、公园设计等园林景观设计主要类型。

2. 工学结合，理实一体。本书每个项目按照工作过程组织教学，理实一体，从任务发布到过程任务，最终完成工作，在做中学，学中做，突出技能操作，培养学生精益求精、务实敬业的工匠精神。

3. 配套立体化教学资源。本书配套有丰富的教学资源，如教学课件、操作演示视频资源、拓展练习、试题资料，辅助课堂教学，满足学生课前预习、课后回顾、检验学习情况的需求。

4. 内容与时俱进，注重科技创新与前沿发展。本书编写紧跟园林行业发展方向，调整更新设计应用技术。更新软件类型，包括 Photoshop、SketchUp 以及 Lumion 虚拟仿真技术在园林设计中的应用，符合党的二十大对于科技创新发展的要求，满足园林设计未来发展的使用。

本书主编周沁沁主要负责大纲框架拟定、项目设置以及整体修订工作，主要编写项目一、项目六、项目七。副主编李珍林主要编写项目二、项目五以及 Photoshop 部分统稿。副主编俞璐主要编写项目八以及 SketchUp 部分统稿。参编姜春子主要编写项目四。参编李温喜主要编写项目九及项目十。参编汤泽华主要编写项目三。熊亮担任本书主审。

由于编者水平有限，本书难免存在疏漏之处，欢迎广大读者指正批评。

编　者

本书微课视频列表

项目	任务	二维码	项目	任务	二维码
项目二	任务二	Photoshop 工作界面	项目三	任务四	添加汽车及保存
项目三	任务一	导入图纸	项目四	任务一	道路绿化效果图添加背景
项目三	任务二	图层	项目四	任务二	认识路径工具，添加行道树
项目三	任务二	选区	项目四	任务三	认识变形工具，添加灌木、地被和配景
项目三	任务二	填色	项目五	任务一	分析图纸
项目三	任务二	广场颜色填充	项目五	任务二	通道、蒙版添加素材
项目三	任务三	添加铺装材质	项目五	任务三	调整图像
项目三	任务四	滤镜制作草坪	项目六	任务二	SketchUp 操作界面
项目三	任务四	用画笔工具绘制灌木	项目七	任务一	基本建模命令
项目三	任务四	添加乔木	项目七	任务一	制作花池

（续）

项目	任务	二维码	项目	任务	二维码
项目七	任务一	制作椅子	项目八	任务一	底图推拉添加材质
项目七	任务一	制作桌子	项目八	任务二	添加建筑小品
项目七	任务二	群组和组件	项目八	任务三	设置场景出图
项目七	任务二	制作花架	项目九	任务一	公园 CAD 导图，建模
项目七	任务二	制作亭子	项目九	任务二	添加建筑小品模型
项目七	任务三	路径跟随工具制作花钵	项目九	任务三	渲染基础知识
项目七	任务三	曲面制作伞	项目九	任务三	公园渲染出图设置
项目七	任务三	十字形拱顶	项目九	任务四	鸟瞰图后期处理
项目七	任务四	制作绿篱	项目十	任务一	Lumion 界面介绍
项目七	任务四	制作 2D 树	项目十	任务一	Lumion 添加植物材质，出图
项目八	任务一	在庭院景观模型中导入 CAD 图纸，封面	项目十	任务二	将庭院景观 SketchUp 模型 导入 Lumion

延伸知识视频列表

序号	二维码	序号	二维码	序号	二维码	序号	二维码
1	园林美	6	园林要素——园路	11	广场设计	16	园林立意与布局
2	形式美	7	园林要素——建筑小品	12	居住小区设计	17	园林规划设计造景方式
3	形式美法则	8	园林规划设计原则	13	园林规划设计程序		
4	园林要素——地形设计	9	园林序列空间创作	14	道路规划绿地设计		
5	园林要素——水体	10	公园规划设计	15	道路绿化原则		

"岗课赛证"视频讲解

序号	二维码	序号	二维码	序号	二维码
1	Photoshop 平面效果图绘制	2	SketchUp 模型建立	3	Lumion 植物添加

目　录

前　言

本书微课视频列表

延伸知识视频列表

"岗课赛证"视频讲解

项目一　认识园林景观设计常用软件 ……………………………………………… 1

    任务一　认识园林效果图设计软件 …………………………………… 1

    任务二　了解园林效果图制作流程 …………………………………… 3

项目二　Photoshop 在园林设计中的应用 ……………………………………… 4

    任务一　了解 Photoshop 图像基本知识 ……………………………… 5

    任务二　认识 Photoshop 工作界面与环境 …………………………… 6

    任务三　熟悉 Photoshop 基本操作 …………………………………… 8

项目三　广场平面效果图后期制作 ……………………………………………… 10

    任务一　导入图纸 …………………………………………………… 11

    任务二　选区与填色 ………………………………………………… 12

    任务三　添加铺装材质 ……………………………………………… 20

    任务四　添加平面植物 ……………………………………………… 24

项目四　道路绿化效果图后期制作 ……………………………………………… 34

    任务一　添加背景 …………………………………………………… 35

    任务二　绘制透视线 ………………………………………………… 37

    任务三　添加植物 …………………………………………………… 40

项目五 小区日景绿地效果图后期制作 ······················ 48

    任务一 分析图纸 ····················· 49

    任务二 添加植物及配景 ················· 51

    任务三 调整图像与出图 ················· 57

项目六 SketchUp 在园林设计中的应用 ················· 65

    任务一 了解 SketchUp 的特点 ············· 65

    任务二 认识 SketchUp 的操作界面 ·········· 68

项目七 园林设计要素模型制作 ······················ 73

    任务一 制作基础模型 ·················· 75

    任务二 制作组合模型 ·················· 85

    任务三 制作曲面模型 ·················· 95

    任务四 制作贴图模型 ·················· 103

项目八 别墅庭院景观设计表现 ······················ 112

    任务一 导入图纸 ····················· 113

    任务二 创建模型 ····················· 114

    任务三 导出图像 ····················· 124

项目九 公园景观设计综合表现 ······················ 132

    任务一 导入图纸 ····················· 133

    任务二 创建模型 ····················· 133

    任务三 渲染出图 ····················· 137

    任务四 鸟瞰图后期处理 ················· 144

项目十 Lumion 在园林设计中的应用 ················· 147

    任务一 认识 Lumion 的界面及基本操作 ········ 148

    任务二 制作别墅庭院景观动画 ············· 153

附录 ··· 160

    附录 A Photoshop 常用命令一览表 ·········· 160

    附录 B SketchUp 常用命令一览表 ··········· 163

参考文献 ··· 166

项目一　认识园林景观设计常用软件

一、项目描述

认识园林景观设计中常用软件的类型及其运用方向和效果表达特点。如图 1-1 所示为三维软件建模，Photoshop 后期处理。

图 1-1　Photoshop 效果图

二、学习目标

1. 了解园林景观设计中常用的计算机辅助软件，包括 SketchUp、Photoshop、Lumion 等。
2. 了解各种设计软件在景观效果中的应用方式。
3. 掌握景观效果图设计流程。

三、参考学时

1 学时，讲授。

四、地点及条件

理实一体化机房，安装 SketchUp、Photoshop 及 Lumion 软件。

任务一　认识园林效果图设计软件

在园林传统的设计中，主要是依靠手绘图纸进行表达。在信息技术时代，通过计算机辅助设计能够更高效地完成场地规划，使设计具有更形象直观吸引人的表达效果。

在园林规划设计中，常用的制图软件有 CAD；三维建模软件有 3ds Max、SketchUp 等，三维渲染器有 VRay；后期处理软件有 Photoshop、Lumion、Piranesi 等；平面排版软件有 InDesign、

1

CorelDRAW 等。本书主要讲解三维建模软件 SketchUp 和后期处理软件 Photoshop。

设计者需要认识到计算机软件只是一种辅助设计手段，一个优秀的设计作品还是取决于操作计算机的人脑。提高设计者的设计表现能力的同时，也需要提升设计者的审美水平和专业设计能力。

一、三维建模软件及渲染器

1. SketchUp

SketchUp 是一款直观、灵活、易于使用的三维设计软件。该软件制作模型快捷方便、效果图成本低，在初步设计阶段发挥重要作用，越来越多的设计公司都使用 SketchUp 进行场景、建筑空间的表现。SketchUp 制作的模型效果图，如图 1-2 所示。

SketchUp 命令简单，复杂的模型需要借助于插件完成。SketchUp 可以生成简单的动画和效果图，但需要借助渲染器制作较为真实的效果图。

2. VRay 渲染器

VRay 渲染器是目前业界较受欢迎的渲染引擎，为 3D 模型软件提供了高质量的图片和动画渲染。

VRay 渲染器提供 VRay 材质，在场景中使用该材质能够获得更加准确的物理照明，更快的渲染，反射和折射参数调节更方便。VRay for SketchUp 渲染器包含灯光营造，提供点光源、面光源、聚光灯等多种光源样式，以及对灯光参数的设定。

图 1-2　SketchUp 效果图

如图 1-3 所示为 SketchUp 模型在 VRay 中渲染成图，先在 SketchUp 中创建模型，再用 VRay 赋予材质，打上光源，最后进行渲染。

图 1-3　SketchUp 模型在 VRay 中渲染成图

二、后期处理软件

后期处理是在模型建立完成后，对模型进行润色加工、添加素材等操作。

1. Photoshop

Photoshop 是 Adobe 公司开发的图形图像处理软件。在园林设计中，Photoshop 常用于彩色平面图润色、透视效果图后期处理及方案文本排版制作等。图 1-4 所示为 Photoshop 制作的彩色总平面图。

2. Lumion

Lumion 是一种实时的 3D 可视化工具。在园林设计中，Lumion 用于制作、展示动画，提供优秀的图像和逼真的场景。设计者需要在 3ds Max 或者 SketchUp 中完成模型制作，然后将其导入 Lumion 中进行素材添加，制作动画效果图及出图，如图 1-5 所示。为节约成本，越来越多的公司使用 Lumion 软件进行后期渲染及动画处理。

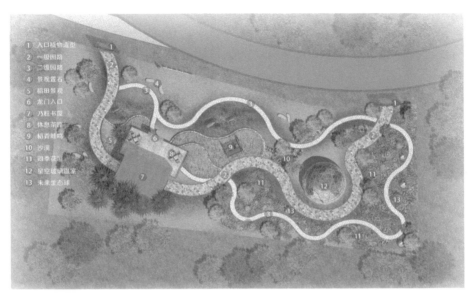

图 1-4　Photoshop 彩色总平面图

图 1-5　Lumion 出图

任务二　了解园林效果图制作流程

总平面规划阶段主要是对园林各元素的综合布局，是方案总体设计阶段，需要用 CAD 完成总平面规划设计图，再用 Photoshop 对总平面图进行色块的润色及场地分区的表达。

效果图包括透视效果图和鸟瞰效果图。设计者需要先用三维软件制作出空间模型，再对模型添加材质，渲染出图，进行后期材质添加。园林方案设计一般流程及各阶段对应的软件如图 1-6 所示。

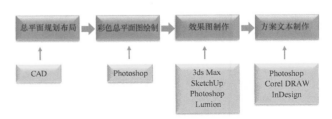

图 1-6　园林方案设计一般流程及各阶段对应的软件

项目二 Photoshop 在园林设计中的应用

技能项目

一、项目描述

用 Photoshop 打开图片（见图 2-1），认识 Photoshop 基本图像知识，了解 Photoshop 工作环境以及 Photoshop 创建文件及保存文件的基本命令。

图 2-1　用 Photoshop 打开图片

二、学习目标

1. 理解 Photoshop 位图图像分辨率的概念。
2. 了解 Photoshop 的色彩模式，掌握 RGB 色彩模式颜色调节及参数设置。
3. 认识 Photoshop 工作环境界面，掌握工具栏和控制面板使用。
4. 掌握 Photoshop 文件类型，能够打开文件、创建文件、保存文件。

三、参考学时

2 学时，讲解与演示。

四、地点及条件

理实一体化机房，安装 Photoshop 软件。

任务一　了解 Photoshop 图像基本知识

一、图像的类型

在计算机中，图像是以数字方式来记录、处理和保存的。图像类型大致可以分为两种：矢量图像和位图图像。

1. 矢量图像

矢量图以数字方式描述曲线，其基本组成单位是描点和路径，适合以线条为主的图案和文字标志设计。矢量图可以随意放大或缩小，它既不会使图像失真或遗漏图像的细节，也不会影响图像的清晰度，但是缺少丰富的色彩。CAD 软件和 CorelDRAW 软件绘制的图是典型的矢量图。

2. 位图图像

位图也称为像素图，其特点是具有丰富的色彩和色调变化，能真实地表现出自然界的景象。位图由若干细小色块组成，这些小色块称为像素。位图放大到一定倍数后，图像会出现马赛克的效果，如图 2-2 所示。Photoshop 使用的图像为位图图像。

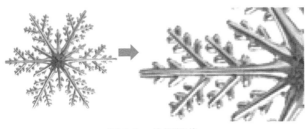

图 2-2　位图图像

二、分辨率

分辨率是指在单位长度含有像素点的多少。分辨率的单位是：像素 / 英寸（1 英寸 =0.0254m）。一定尺寸内的像素点越多，图像分辨率越大，图像越清楚，图片文件越大；一定尺寸内的像素点越少，图像分辨率越小，图像越模糊，图片文件越小。一张图像的分辨率只能改小，无法改大，所以在制作 Photoshop 图像时，一开始就必须设定好图像的分辨率大小。如果仅用于屏幕显示，分辨率可设定为 72 像素 / 英寸。如果用于喷墨打印，可设定为 100~150 像素 / 英寸。如果用于杂志或平面大型广告，可设定为 300~400 像素 / 英寸。

三、色彩模式

在计算机中，色彩模式通过单色以不同组合方式混合而成，颜色通常以数字的方式进行记录。在 Photoshop 色彩模式中，记录颜色的方式常用的有 RGB 模式、CMYK 模式、Lab 模式、HSB 模式，此外还有 BMP 模式、灰度模式以及索引色彩模式等。

Photoshop 中的颜色拾取以不同模式进行记录，如图 2-3 所示。

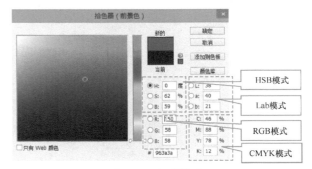

图 2-3　色彩模式

1. RGB 模式

RGB 模式也称为三原色模式，由红色（R）、绿色（G）、蓝色（B）3 种原色混合生成各种颜色。每个颜色由 0~255 之间的数值设定其强度值。纯黑色的 R、G、B 的值都为 0；白色的 R、G、B 的值都为 255。

2. CMYK 模式

CMYK 模式也称为减色模式。这种模式是印刷中常用的色彩模式，由青（C）、洋红（M）、黄（Y）、黑（K）4 种色彩按照不同的比例合成。在该模式中，每一种颜色都被分配一个百分比值。百分比值越低，颜色越浅；百分比值越高，颜色越深。

3. Lab 色彩模式

Lab 色彩模式是由亮度分量 L 和两个颜色分量 a、b 组合而成的。L 表示色彩的亮度值，取值范围为 0~100；a 表示由绿到红的颜色变化范围，b 表示由蓝到黄的颜色变化范围，取值范围均为 −120~120。

4. 灰度色彩模式

灰度色彩模式可以用256级的灰度来表示图像。在该模式中，图像中所有像素的亮度值变化范围都为0~255。其灰度值也可以用图像中黑色油墨所占的百分比来表示，0%表示白色，100%表示黑色。

任务二 认识 Photoshop 工作界面与环境

一、工作界面

Photoshop 工作界面由标题栏、菜单栏、工具栏、属性栏、状态栏、图像窗口及各类控制面板组成，如图2-4所示。

1. 标题栏

标题栏位于工作界面的最上端。最右侧为窗口控制按钮，可用来对图像窗口进行最大化、最小化和关闭操作。

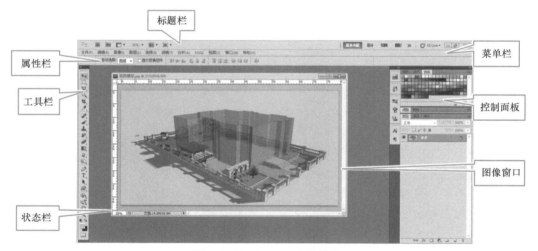

图 2-4 Photoshop 工作界面

2. 菜单栏

菜单栏位于标题栏下方。Photoshop CS5版本的菜单栏中有11个菜单："文件""编辑""图像""图层""选择""滤镜""分析""3D""视图""窗口"和"帮助"。每个菜单中包含了所有的图像处理命令。有些命令后面有小黑三角，表示该命令下还有菜单命令。

3. 工具栏

工具栏一般位于工作界面的左侧，可以通过"窗口"菜单→"工具"命令对其进行开闭。工具栏中包含的工具如图2-5所示。

有些工具右下角带小三角箭头，表示其为工具组，包含隐藏工具。右击该工具处，可打开本组所有工具。

4. 属性栏

属性栏是描述工具状态和属性参数的，位于菜单栏下方。选择不同的工具，属性栏会显示相应的工具属性参数。图2-6a为框选工具的属性栏，图2-6b为画笔工具的属性栏。用户可以通过对参数选项的设定，调整工具的状态。

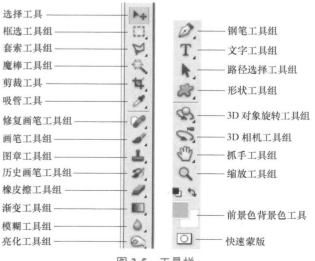

图 2-5 工具栏

a)

b)

图 2-6　属性栏

5. 控制面板

控制面板位于工作界面的最右边。在"窗口"菜单中，可以对控制面板进行开闭。在操作时，一般需要打开"导航器""历史记录""色板""图层"等控制面板，如图 2-7 所示。

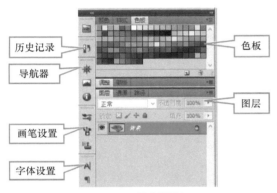

图 2-7　控制面板

二、优化工作环境

在开始使用 Photoshop 软件时，需要根据用户自身需求优化工作环境。

1. 自定义快捷键

使用快捷键，可以提高作图效率。打开"编辑"菜单，选择"键盘快捷键"命令，打开"键盘快捷键和菜单"对话框。"快捷键用于"中提供了"应用程序菜单""面板菜单"和"工具"三个选项，可以查看、添加和更改各个命令的快捷键，如图 2-8 所示。

图 2-8　快捷工具设置

2. 预置选项

打开"编辑"菜单，选择"首选项"命令，对操作空间的"常规""界面""文件处理""性能""光标""透明度与色域""单位与标尺""参考线、网格和切片""增效工具""文字""3D"等特性进行调整，如图 2-9 所示。

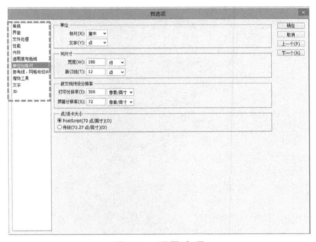

图 2-9　预置选项

（1）设置单位和标尺　单位与标尺设定对话框如图 2-9 所示。其中，"单位"栏用于设置标尺和文字的单位。"列尺寸"栏用于设置列尺寸的大小和单位。"新文档预设分辨率"栏用于设置新建文档时文档默认的分辨率大小。

标尺是为了精确定位作图。在 Photoshop 中，打开"视图"菜单，勾选"标尺"（快捷键为<Ctrl+R>），在图像上侧和左侧出现标尺显示，如图 2-10 所示。从标尺中，可以拉拽出蓝色的辅助线，帮助图片定位；如果需要清除辅助线，可以拖拽辅助线退回到标尺，也可以单击"视图"菜单，选择"清除参考线"命令。

（2）设置暂存盘　图像处理很耗内存，若图像文件过大，就会出现内存不足而图像不能打开或不能保存的情况。用户可以通过设置暂存盘来解决上述问题。打开"编辑"菜单，选择"首选项"命令→"性能"，如图 2-11 所示。在"暂存盘"中设置暂存盘，一般不将系统盘作为暂存盘。

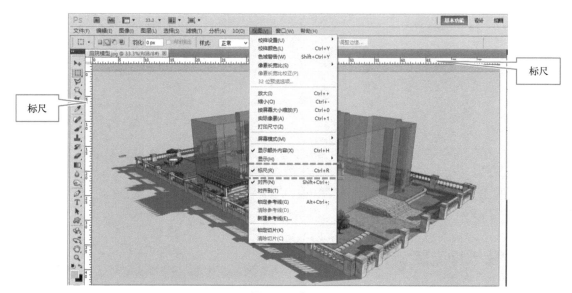

图 2-10 标尺

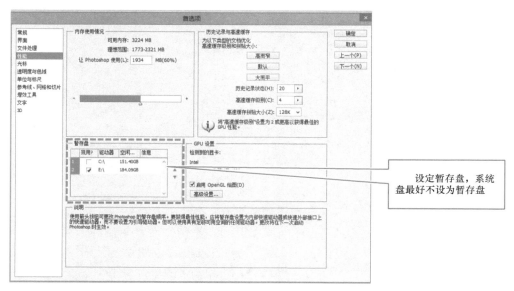

图 2-11 设置暂存盘

任务三 熟悉 Photoshop 基本操作

一、创建文件及保存

1. 图形文件格式

图形文件格式即图像存储的方式，决定了图像存储时所能保留的文件信息及文件特征，也直接影响文件的大小与使用范围。在使用时可以根据自己的需要选择不同的存储格式。

（1）JPEG 格式　JPEG 格式是一种常用的图片格式，不包含图层信息，是一种高效率的压缩格式。该格式广泛用于彩色传真、印刷、网络图片等。

（2）PSD 格式　PSD 格式是 Photoshop 软件的一种标准图像文件格式。该格式能够存储图层信息，便于之后修改和制作各种效果。在编辑过程中最好选用该格式。

（3）PDF 格式　PDF 格式是由 Adobe Acrobat 软件生成的文件格式。该格式文件可以存储多页信息，其中包含图形和文件的查找功能。从 CAD 中打印成 PDF 格式，存储矢量信息。该格式可以存储 Photoshop 软件的图层信息。

（4）PNG 格式 PNG 格式通常用于网络图像，体积小，图片清晰。该格式支持透明效果，同时还支持真彩和灰度级图像的 Alpha 通道透明度。

（5）TIFF 格式 TIFF 格式是由 Aldus 为

Macintosh 开发的一种文件格式。在 Photoshop 中，TIFF 格式支持 24 位通道。

2. 新建文件

单击"文件"菜单，选择"新建"命令（快捷键为 <Ctrl+N>），打开"新建"对话框，如图 2-12 所示。"名称"中可输入新建文件名。

图 2-12 新建文件

3. 打开图像文件

单击"文件"菜单，选择"打开"命令（快捷键为 <Ctrl+O>），弹出"打开"对话框。选择文件路径，在"文件类型"下拉列表中选择打开文件的类型，默认情况下是"所有格式"。找到文件，单击"打开"按钮，即可打开文件。

4. 保存图像文件

图像编辑完成后需要进行保存。单击"文件"菜单，选择"保存"命令（快捷键为 <Ctrl+S>），弹出"存储为"对话框。选择文件存储路径和文件格式，单击"保存"按钮即可。如果要生成新的文件并保存，可以按快捷键

<Ctrl+Shift+S> 打开"另存为"对话框。

二、图像查看工具

1. 缩放工具 🔍

缩放工具用于调节图片显示大小。单击缩放工具按钮图标，将指针移动到图片中，向左侧拖拽不放，即为缩小；向右侧拖拽不放，即为放大。此外，也可以通过工具属性栏进行更改，如图 2-13 所示，放大镜中有"+"的为放大，放大镜中有"−"的为缩小。

放大快捷键为同时按 <Ctrl> 键和 <+> 键；缩小快捷键为同时按 <Ctrl> 键和 <−> 键。

图 2-13 缩放工具

2. 抓手工具 ✋

抓手工具用于平移图像，快捷键为 <H>。当使用其他命令时，按住空格键不放，可临时切换到"抓手工具"。

3. 导航器控制面板

在导航器控制面板中也可以对图像进行缩放

和显示窗口平移。在导航器下面三角形滑块的位置，进行图片大小显示调整：向左滑动滑块，图像缩小；向右滑动滑块，图像放大。图像的大小用百分数显示。在导航器缩略图中，有红色的方框，移动方框位置，可以平移图片，功能与抓手工具相同，如图 2-14 所示。

图 2-14 导航器控制面板

项目三　广场平面效果图后期制作

一、项目描述

根据办公楼前景观设计的 CAD 底图，在 Photoshop 中，进行填色、材质添加和植物添加，完成办公楼前广场彩色总平面图制作，如图 3-1 所示。

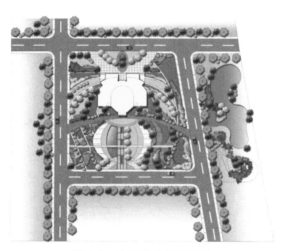

图 3-1　广场彩色总平面图

二、学习目标

1. 掌握图层的概念，掌握图层的添加、删除及效果调整。
2. 掌握选框工具选区、套索工具选区、魔棒工具选区命令。
3. 掌握填充前景色和背景色命令，掌握油漆桶及渐变填充工具。
4. 掌握简单滤镜工具。
5. 掌握画笔工具应用及画笔属性调节，能够导入画笔进行创作。
6. 掌握图像变形工具，能够对图像进行缩放及变形。
7. 掌握"图层复制"和"图像复制"命令，了解这两种复制的区别。

三、参考学时

12 学时，包括 6 学时讲解与演示、6 学时技能训练。

四、地点及条件

理实一体化机房，安装 Photoshop 软件。

五、成果提交

独立完成一张办公楼前广场彩色总平面图，要求 A2 图纸、分辨率为 150 像素/英寸，提交至指定文件夹。

任务一　导入图纸

一、广场景观设计

广场是城市活动的公共空间，也是城市形象的展示，聚集大量的人在此活动。广场类型包括纪念性广场、集散广场、文化广场、游憩广场、商业广场、宗教广场等。广场材质以硬质铺装为主，配有一定的绿化种植，提供给人休息集散的场所，如图 3-2 所示。

图 3-2　景观广场

二、CAD 图纸分析整理

在制作广场平面效果图时，一般先用 CAD 绘制图形，将 CAD 图导入 Photoshop 中，再进行颜色填充、材质添加。

1. 打开 CAD 图纸

在 CAD 软件中打开"广场 .dwg"文件，如图 3-3 所示。

2. 调整 CAD 底图

需要整理 CAD 线，避免重复杂线，保证所有线条之间形成闭合的区域。本案例需要在 CAD 中将车行道路的线进行闭合连接，如图 3-4 所示。

图 3-3　打开 CAD 图

图 3-4　检查线闭合和关闭填充

三、CAD 图纸打印

CAD 是矢量文件图，需要通过图纸打印转化为位图。CAD 虚拟打印机有 PDF 打印机、EPS 打印机、PNG 打印机、JPG 打印机等。本案例推荐使用 PDF 打印机，打印时选择 A2（594mm，420mm）图纸，打印样式表设置为"monochrome.ctb"，打印范围选择"窗口"，在图上指定打印的范围，如图 3-5 所示。最后指定保存路径，打印出图。

四、Photoshop 打开图纸

运行 Photoshop 软件，打开"文件"菜单，选择"打开"命令，打开刚打印的 PDF 文件，会出现"导入 PDF"对话框。确定图纸宽度和高度大小。确定需要栅格化的分辨率大小，可设为 150~300 像素 / 英寸。导入后底图为线稿，底色为白色和灰色格子，代表为透明色，如图 3-6 所示。

图 3-5　PDF 打印机设置

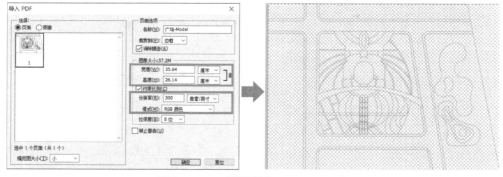

图 3-6　PDF 图纸导入 Photoshop 中

任务二　选区与填色

一、图层基本应用

1. 图层的概念

在 Photoshop 中绘图都离不开图层。通过图层可将图像中各个元素分层处理及保存，使图像易于修改。图层显示时，上一个图层的有色区域可以将下一个图层覆盖。

2. 图层控制面板

图层控制面板的主要功能是显示图层列表，增加、删减图层，设置图层特效等。图层控制面板一般位于 Photoshop 运行界面的右边。显示或隐藏图层控制面板的方法是单击"窗口"下拉菜单→选择"图层"命令，快捷键为<F7>。

图层控制面板的顶部有"图层混合模式""不透明度""填充""锁定"，中部为"图层列表"（包括图层开闭按钮与图层缩略图），底层为其他功能按钮，如图3-7所示。

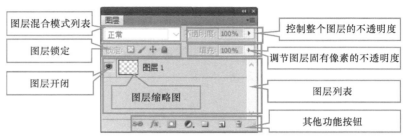

图3-7　图层控制面板

（1）图层混合模式　图层混合模式是决定上一图层和底下图层混合显示的方式，可以将图层中的图像制作出各种不同的混合效果。在该下拉列表中有23种模式可供选择。

（2）图层不透明度　"不透明度"控制整个图层的不透明度。当"不透明度"为100%时，图层为不透明；当"不透明度"为0%时，图层为全透明。

（3）图层填充　图层填充效果的调节和不透明度类似，但是前者只调整固有像素的不透明度。

（4）图层锁定　图层锁定是为了防止图层被更改，而进行的不可编辑锁定。一般在作园林彩色总平面图时，为了防止底图被更改，会将底图进行锁定。Photoshop提供了4种锁定方式："锁定透明像素" □ 、"锁定编辑像素" ✐ 、"锁定位置" ✛ 、"锁定全部" ⬛ 。

（5）图层开闭　通过图层列表里每个图层前的 👁 按钮可控制图层的可见性。

（6）图层缩略图　在图层列表里，每一个图层名字前都有一个该图层的缩略图。可以利用图层缩略图进行快速选区，方法是按住 <Ctrl> 键的同时单击缩略图。

（7）其他功能按钮　位于图层控制面板最下方的是其他功能按钮，从左往右依次为"链接图层""图层样式""图层蒙版""调节层""图层组""新建图层"以及"删除图层"。

"链接图层" 🔗 ：选中两个或两个以上图层，单击此按钮，表明这些图层被链接上，可以一起被移动、变形等。

"图层样式" ƒx ：使用图层样式，可以为当前图层制作各种效果，例如投影、浮雕、图案填充等。

"调节层" ◐ ：用来控制和调整图层的色彩、色调和对比度等。

"图层组" ▭ ：利用"图层组"可以对繁杂的图层进行分组管理，特别是在园林效果图植物素材添加时，根据不同植物分组管理，可以让图层列表清晰明了。

"图层蒙版" ▢ ：用来遮盖图层上的颜色，让其可见或不可见。

3. 图层的创建

在进行园林效果图制作时，道路、水体、天空、各类植物、人物等都需要分别创建图层。创建图层的方法有以下两种：

（1）单击"新建图层"按钮 ▫ 　单击图层控制面板下的"新建图层"按钮可以创建一个透明图层。

（2）"图层"菜单创建图层　单击"图层"菜单下拉列表→"新建"命令→"图层"命令，出现"新建图层"对话框。在"名称"处更改图层名字，其他选项一般保持默认，单击"确定"按钮生成新图层，如图3-8所示。图层创建快捷键为 <Ctrl+Shift+N>。

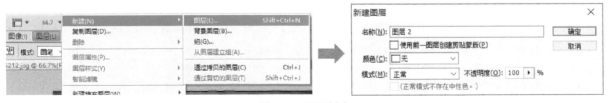

图3-8　图层创建

4. 图层的删除

（1）单击"删除图层"按钮 🗑 选中需要删除的图层，单击"删除图层"按钮 🗑，或将图层拖拽到"删除图层"按钮 🗑 处，完成图层删除。

（2）"图层"菜单删除图层 打开"图层"菜单下拉列表，选择"删除"命令→"图层"命令，确定删除，如图3-9所示。

（3）图层控制面板删除图层 在图层列表中选中需要删除的图层，点击鼠标右键，单击"删除图层"命令，确定删除。

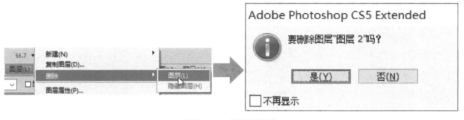

图3-9 图层删除

5. 图层的选择

在编辑图层时，需要将待编辑图层切换为当前图层。当前图层在图层列表中呈蓝色高亮状态。确定当前可编辑图层的方法有以下三种：

（1）图层列表选择图层 在图层列表中，单击需要编辑的图层，则该图层显示为蓝色高亮状态，即为当前可编辑图层。

（2）单击鼠标右键快速选择图层 将指针移动到图像处，点击鼠标右键，选择图层。

（3）移动工具+<Ctrl> 在多个图层的图纸上，选择移动工具，按住<Ctrl>键单击图层，则切换到单击处的图层上。

6. 图层的重命名

图层重命名方法为双击图层列表上的图层名字，然后进行修改。

7. 图层顺序的调整

调整图层顺序，可以在图层列表中，按住鼠标左键同时选中需要调整顺序的图层，并将其拖拽到需要的位置。此外，也可以通过快捷键调整，按<Ctrl+［>键则当前图层向下移动一位，按<Ctrl+］>键则当前图层向上移动一位。

二、选区工具的应用

1. 创建选区

创建选区的方法有"选框工具""套索工具""魔棒工具"。取消选区的方法是按<Ctrl+D>键。

（1）选框工具 右击选框工具，出现选框工具组，包括"矩形选框工具""椭圆形选框工具""单行选框工具""单列选框工具"。选框工具快捷键为<M>。

1）"矩形选框工具" ⬚。单击"矩形选框工具"后，沿着矩形对角线方向拉出矩形选框。如果在拉动选框过程中按住<Shift>键，则会拉出正方形选框。

2）"椭圆选框工具" ◯。单击"椭圆选框工具"后，指针变为十字光标，单击并拉动出椭圆选框。

（2）套索工具 "套索工具"主要用于创建不规则的区域。右击"套索工具"图标显示套索工具组，包括"一般套索工具""多边形套索工具""磁性套索工具"。"套索工具"快捷键为<L>键。

1）"一般套索工具" ◯。使用"一般套索工具"创建不规则选区时，需要在图像中按住鼠标左键并拖拽，徒手绘制选区边缘线，松手后生成虚线选框，如图3-10所示。

图3-10 一般套索工具

2）"多边形套索工具" 。使用"多边形套索工具"创建选区时，需要单击多个描点，生成直线边。要闭合选区时，在套索图标下会有一个小圆圈符号，此时按 <Enter> 键即可闭合选区，如图 3-11 所示。

要闭合时，会出现小圆圈符号

主要绘制直线边

图 3-11　多边形套索工具

3）"磁性套索工具" 。"磁性套索工具"通过颜色对比自动识别物体的边缘线。只需要单击起点，松开鼠标，继续沿着物体边缘拖动鼠标，套索便会自动吸附完成选区。"磁性套索工具"会在特征点处生成描点，如图 3-12 所示。

在特征点处会生成描点

图 3-12　磁性套索工具

（3）"魔棒工具"　使用"魔棒工具"时，通过单击颜色区域，便可自动选择颜色相近区域，无须描绘边界。"魔棒工具"的快捷键为 <W> 键。

在使用"魔棒工具"时，用户可以通过更改工具属性栏中的选择，来改变魔棒选择范围，包括"容差""消除锯齿""连续""对所有图层取样"等，如图 3-13 所示。

图 3-13　"魔棒工具"属性栏

"容差"用于控制选择颜色范围。容差值越大，能够选择的颜色范围越大；容差值越小能够选择的颜色范围越小。"消除锯齿"是指对图像边缘进行平滑处理，以减少像素点在放大或缩小时的毛刺或颜色阶跃现象。勾选"连续"选项时，表示只能选择一个区域中的颜色，不能跨区域选择。勾选"对所有图层取样"选项时，表示取样范围是文件中所有图层叠加显示范围。

2. 增减选区

使用选区工具时，在属性栏中都会出现 图标，从左往右依次为"新选区""添加到新选区""从选区中减去""与选区交叉"。

"新选区" ：各选区工具的默认模式，每次只能创建一个选区。

"添加到新选区" ：在原有选区的基础上增加新的选区，可以得到两个选区的并集。当选区属性为"新选区"时，按住 <Shift> 键也可以增加选区。

"从选区中减去" ：在原有选区的基础上减去新选区，可以得到两个选区的差集。当选区属性为"新选区"时，按住 <Alt> 键也可以减去选区。

"与选区交叉" ：选取原选区与新增加的选区重叠部分，可以得到两个选区的交集。当选区属性为"新选区"时，按住 <Shift+Alt> 键也可以达到同样的效果。

三、填充工具的应用

1. 前景色和背景色

在 Photoshop 前景色和背景色工具栏中，位于上面的正方形为前景色，位于下面的正方形为背景色。另外还有一组小的黑白重叠的正方形，单击旁边箭头，可恢复为默认颜色，如图 3-14 所示。

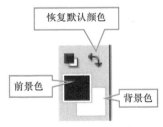

恢复默认颜色

前景色

背景色

图 3-14　颜色工具栏

单击前景色或者背景色按钮，会出现"拾色器"对话框，如图 3-15 所示。调色方式：

1）直接单击颜色调板。竖向的色板，滑动其左边的三角形可调整颜色的色相范围；正方形色板，滑动其拾色圆框可调整颜色的明暗度和饱和度。

2）通过颜色参数调整，例如 RGB 色彩模式，在参数区域输入红色值（R）、绿色值（G）和蓝色值（B）共同混合完成，每个值最小为 0，最大为 255。调色完成后，单击"确定"按钮。

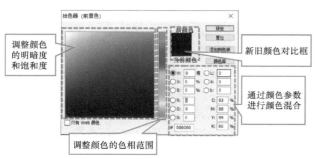

图 3-15 "拾色器"对话框

选取颜色后，填充前景色的快捷键为 <Alt+Delete> 键，填充背景色的快捷键为 <Ctrl+Delete> 键。

2. "吸管工具"

"吸管工具"可以用于吸取图像上的颜色，作为前景色，快捷键为 <I>。通过"吸管工具"，可以借鉴已经配好颜色的图，这是彩色总平面图初学者常用的方法。

> **技巧与提示：**
>
> 在使用"油漆桶工具" 时，按住 <Alt> 键，可临时切换为"吸管工具"。

3. "渐变工具"

"渐变工具"通过设定渐变颜色，在图纸上拉出渐变方向，形成颜色之间渐变过渡的填充。

单击属性栏中的渐变色，会出现渐变编辑器。可以在编辑器中选择已经设定好的渐变样式，也可自行设置。单击位于颜色条上方的滑块，可以设置不透明度；单击位于颜色条下的滑块，可以设置颜色色相。此外，属性栏上还可以设置 5 种渐变样式，从左往右依次是线性、径向、角度、对称、菱形渐变，如图 3-16 所示。

4. "油漆桶工具"

"油漆桶工具"用于填充前景色。设定好前景色颜色，直接在图纸上单击需要填充前景色的区域即可。

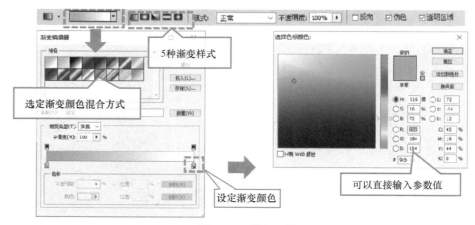

图 3-16 渐变工具

四、广场平面填色

在进行广场平面颜色填充时，需要注意对不同物体单独建立不同的图层，再综合使用"选区工具"和"油漆桶工具"进行填色。

1. 草坪填充

01 为总平面图添加白色背景。新建一个图层，命名为"底色"，调整到"线稿"图层下。设定前景色为白色，按 <Alt+Delete> 键，为"底色"图层填充白色前景色，如图 3-17 所示。

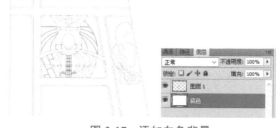

图 3-17 添加白色背景

02 周围绿地创建选区。将"线稿"图层设置为当前图层，用"魔棒工具" ，属性设置为增加选区 ，在"线稿"图层上先选中左边周围绿地，如图 3-18 所示。

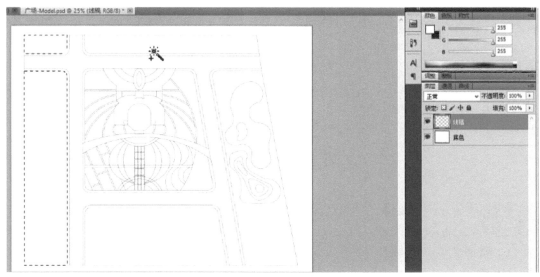

图 3-18　周围绿地创建选区

03 周围绿地填充颜色。创建一个新图层，更改名字为"周围绿地"，如图 3-19 所示。选择前景色为灰绿色，或者在"拾色器"对话框中设置 RGB 参数：R 为 156、G 为 185、B 为 154。单击"渐变工具"，调整渐变颜色为"从前景色到透明"的模式，如图 3-20 所示。用"渐变工具"在已选区域内拉出渐变方向，如图 3-21 所示。完成渐变后，按 <Ctrl+D> 键，取消选区。

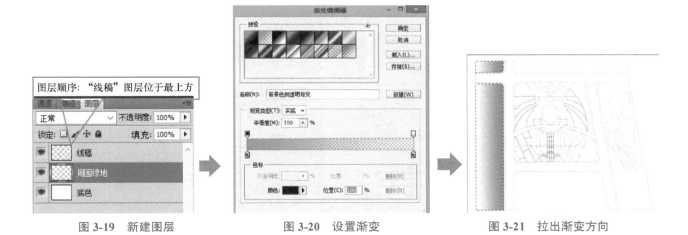

图 3-19　新建图层　　　　　图 3-20　设置渐变　　　　　图 3-21　拉出渐变方向

04 重复以上步骤，完成周围绿地渐变填充，填充图层都为"周围绿地"图层，如图 3-22 所示。完成填充，按 <Ctrl+D> 键取消选区。

图 3-22　完成周围绿地填充

05 填充深色草坪。新建图层，命名为"草坪1"。前景色设置为深绿色，参数 R 为 83、G 为 121、B 为 67。选择"油漆桶工具"，属性栏勾选"连续""所有图层"。直接在图纸上单击需要填充深色草坪的区域，如图 3-23 所示。

图 3-23　填充深色草坪

06 填充浅色草坪。新建图层，命名为"草坪2"。前景色设置为浅绿色，参数 R 为 175、G 为 204、B 为 98。选择"油漆桶工具"，属性栏勾选"连续""所有图层"。直接在图纸上单击需要填充浅色草坪的区域，如图 3-24 所示。

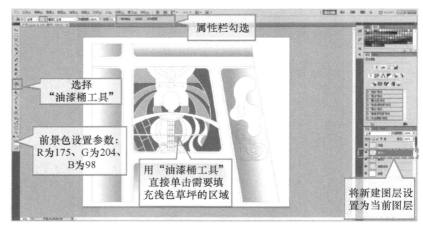

图 3-24　填充浅色草坪

2. 水体填充

01 在"线稿"图层上，用"魔棒工具"选中水体区域，如图 3-25 所示。新建图层，命名为"水体"，设为当前图层，调整其图层顺序为"线稿"图层下方。前景色设置为蓝色，参数 R 为 44、G 为 128、B 为 163。选择"渐变工具"，用从蓝色到透明的方式进行渐变，如图 3-26 所示。

图 3-25　选择水体区域

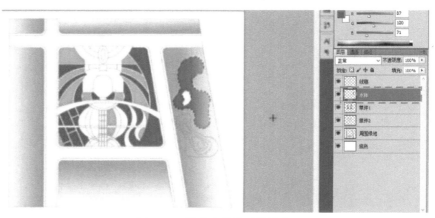

图 3-26　填充水体区域渐变色

02 在"线稿"图层上，用"魔棒工具"选择广场水池，如图3-27所示。当前图层切换为"水体"图层，用"渐变工具"，选择从蓝色到透明的方式进行渐变，如图3-28所示。完成渐变后，按<Ctrl+D>键取消选区。

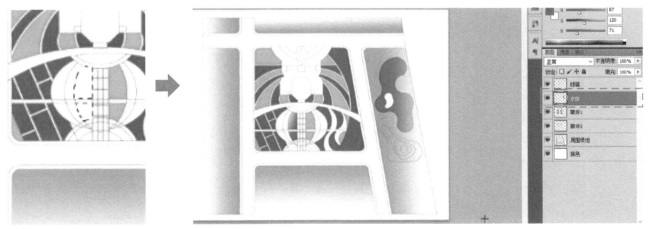

图 3-27 选择广场水池　　　　　　图 3-28 填充广场水池渐变色

3. 道路填充

01 在"线稿"图层上，用"魔棒工具"选择车行道，如图3-29所示。新建图层，命名为"车行道"，将其设置在"线稿"图层下，并设置为当前图层。设置前景色颜色为深灰色，参数 R 为 129、G 为 128、B 为 124，如图 3-30 所示。按<Alt+Delete>键，填充前景色。

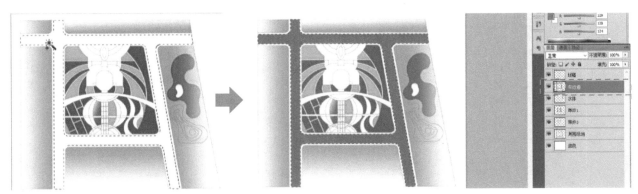

图 3-29 选择车行道　　　　　　图 3-30 填充车行道

02 在"线稿"图层上，用"魔棒工具"选择人行道，如图3-31所示。新建图层，命名为"人行道"，将其设置在"线稿"图层下，并设置为当前图层。设置前景色颜色为米色，参数 R 为 247、G 为 234、B 为 179，如图 3-32 所示。按<Alt+Delete>键，在"人行道"图层上选区内填充前景色。按<Ctrl+D>键取消选区。

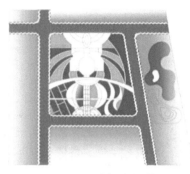
图 3-31　选择人行道

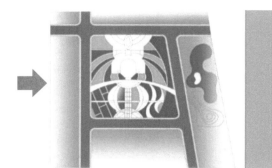

图 3-32　填充人行道

任务三　添加铺装材质

一、图层效果

对于每一个图层，可以单独设置图层的投影、图案填充等效果，让图面更加丰富。

1. "图层样式"对话框

添加图层效果是通过图层样式调板设置来实现的。在图层控制面板中，将指针移动到需要设置样式的图层列表的空白处，如图 3-33 所示，双击打开"图层样式"对话框，如图 3-34 所示。

2. 添加图层效果

"图层样式"对话框左侧一栏为样式列表，包括"投影""内阴影""外发光""内发光""斜面和浮雕""光泽""颜色叠加""渐变叠加""图案叠加""描边"等样式。右侧一栏为样式对应的属性，如图 3-34 所示。若需要添加某种图层样式，则勾选该样式前复选框；若需要设置样式属性，则需要将其单击成蓝色高亮状态。

图 3-33　双击图层列表空白处

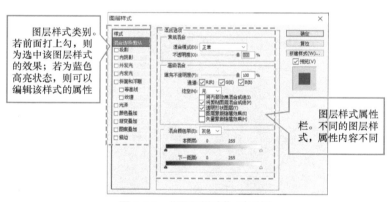
图 3-34　"图层样式"对话框

3. 删除图层效果

若要删除图层效果，可右击图层列表，在菜单列表中选择"清除图层样式"命令。

二、图案填充

1. 定义图案

在进行园林效果制作时，Photoshop 自带的图案库不够用，可采用定义图案的方法添加外部图案，步骤如下：在 Photoshop 中打开图案，用"选框工具"选中需要定义的图案，单击"编辑"菜单，选择"定义图案"命令，如图 3-35 所示。出现"图案名称"对话框，输入图案名称，单击"确定"按钮，如图 3-36 所示。完成图案定义后，该图案就会出现在图层样式叠加图案的图案库中了，如图 3-37 所示。

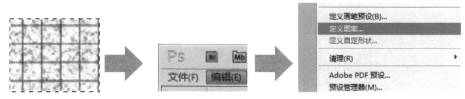

图 3-35　选择"定义图案"

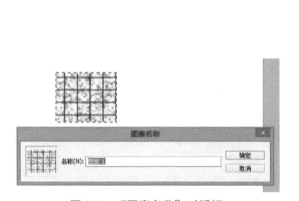

图 3-36　"图案名称"对话框

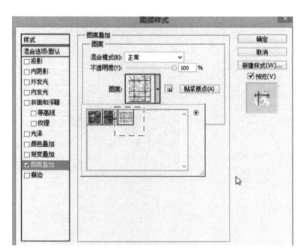

图 3-37　完成图案定义

2. "油漆桶工具"图案填充

"油漆桶工具"也可用于图案填充。如图 3-38 所示，先建立选区，将工具切换到"油漆桶工具"，在属性栏中选择填充图案。再单击图案样式，选择图 3-36 中定义的图案，如图 3-39 所示。移动"油漆桶工具"到选区，单击鼠标左键，填充图案，如图 3-40 所示。

图 3-38　建立选区

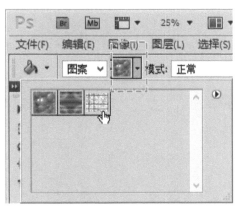

图 3-39　选择图案样式

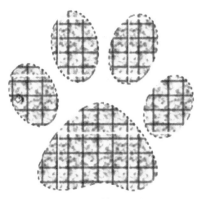

图 3-40 填充图案

技巧与提示：

和"图层样式"中图案叠加的效果相比，"油漆桶工具"不能调节图案的大小，不能找到填充的最佳比例，所以在铺装材质的填充中，通常使用"图层样式"。

三、广场铺装材质填充

广场铺装材质填充的顺序为：先新建图层为铺装填充颜色，再选择铺装素材定义为图案，最后为铺装图层设定图层样式。

1. 人行道铺装填充

打开铺装图案素材，选择材质并将其定义为图案，如图 3-41 所示。回到广场平面图中，双击已经填充颜色的"人行道"图层，调出"图层样式"对话框，勾选"图案叠加"，选择刚定义到图案库的材质，调整图案大小，如图 3-42 所示。

2. 广场中心铺装填充

01 填充铺装底色。在"线稿"图层上，用"魔棒工具"选择需要填充的铺装区，如图 3-43所示。新建图层"铺装 1"，将其置于"线稿"图层下，并设置为当前图层，如图 3-44 所示。设置前景色为灰色，按 <Alt+Delete> 键填充前景色。按 <Ctrl+D> 键取消选区。

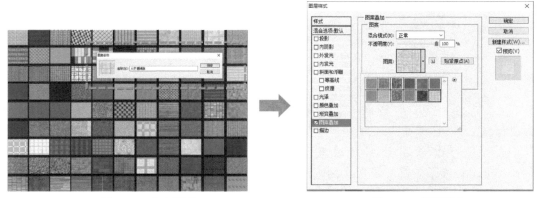

图 3-41 定义图案　　　　　　　　　图 3-42 图案叠加

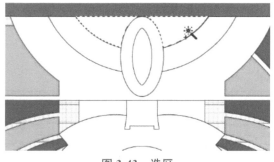

图 3-43 选区

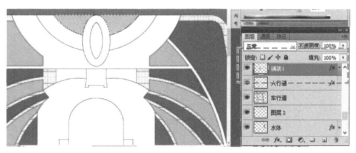

图 3-44 填充铺装底色

02 定义图案。打开材质素材，用"选框工具"选择材质图案区域。打开"编辑"菜单，选择"定义图案"命令，设定图案名为"铺装"，如图 3-45 所示。

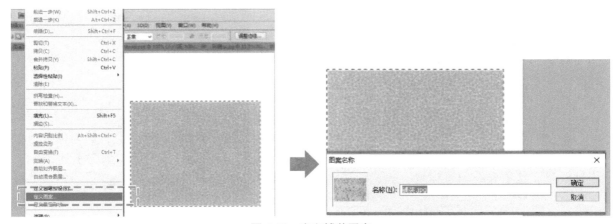

图 3-45　定义铺装图案

03 设置图层样式。回到总平面图文件，双击图层列表上"铺装 1"图层的空白处，调出"图层样式"对话框，选中"图案叠加"，选择图案样式，调节图案大小，如图 3-46 所示。

04 完成其余铺装样式。以同样的方式，完成其余铺装的填充。不同铺装需要设置不同的图层，如图 3-47 所示。

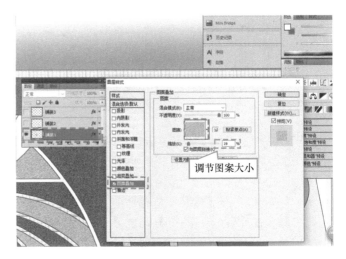

图 3-46　图案叠加铺装样式

图 3-47　完成铺装填充

任务四　添加平面植物

一、制作草坪效果

草坪处理方法有多种，可以采用材质贴图的方式增加质感。这里介绍通过设置"滤镜"的方式增加效果。

1. 认识"滤镜"工具

Photoshop 提供"滤镜"功能，对图像进行调节，创造出特殊的影像效果。如图 3-48 所示，左边第一张为原图，后为利用"滤镜"做出的各种效果。

  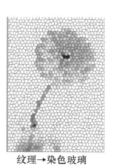 

|原图|素描→铬黄|纹理→染色玻璃|艺术效果→干画笔|

图 3-48　各滤镜风格效果

单击菜单栏上的"滤镜"菜单，可以选择下拉列表中的各类型滤镜模式，进行创作。"滤镜"菜单中包括 13 个大类滤镜组：

1）"风格化"滤镜组：主要是通过移动和置换图像像素并提高图像像素对比度，产生特殊风格化效果。该滤镜组包括"风""浮雕效果""查找边缘""并贴""凸出"和"照亮边缘"等滤镜。

2）"画笔描边"滤镜组：主要创作出素描一样的单色笔触效果。该滤镜组包括"喷溅""成角线条""烟灰色"和"深色线条"等。

3）"模糊"滤镜组：通过对图像中线条和阴影区域相邻的像素进行平均划分，而产生颜色平滑过渡的效果。

4）"扭曲"滤镜组：主要用于对图像进行几何变形、创建三维或其他变形效果。该滤镜组包括"波浪""挤压"和"扩散亮光"等滤镜。

5）"锐化"滤镜组：主要用于对图像的锐化处理。

6）"视频"滤镜组：包括"NTSC"和"逐行"工具。

7）"素描"滤镜组：能够生成素描绘画效果。该滤镜组包括"撕边""炭笔""铬黄"等。

8）"纹理"滤镜组：为图像增加纹理质感。

9）"像素化"滤镜组：能将图像转换成平面色块组成的图案，并通过不同的设置达到截然不同的效果。该滤镜组包括"彩块化""彩色半调""点状化""晶格化""马赛克""碎片"和"铜版雕刻"七个滤镜。

10）"渲染"滤镜组：用于在图像中创建云彩、折射和模拟光线等。该滤镜组包括"分层云彩""光照效果"和"镜头光晕"等。

11）"艺术效果"滤镜组：为图像增加艺术性。该滤镜组包括"底纹效果""胶片颗粒""干画笔"等。

12）"杂色"滤镜组：为单色添加杂色，经常用于制作草坪、道路，为单色增加质感。

13）"其它"滤镜组：包括"高反差保留""位移""自定义"等。

2. 滤镜工具制作草坪效果

01 选择移动工具，按住 <Ctrl> 键选择浅色草坪，图层自动切换到"草坪 2"。单击"滤镜"下拉菜单，选择"杂色"→"添加杂色"命令，如图 3-49 所示，打开"添加杂色"对话框。设置杂色的数量，如图 3-50 所示。生成草坪质感，如图 3-51 所示。

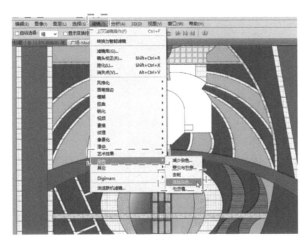

图 3-49 滤镜添加杂色

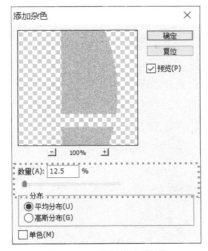

图 3-50 设置杂色数量

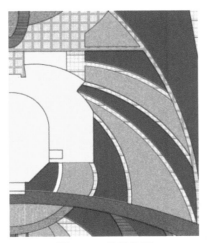

图 3-51 草坪效果

02 选择移动工具，按住 <Ctrl> 键选择深色草坪，图层自动切换到"草坪 1"。单击"滤镜"下拉菜单，选择"杂色"→"添加杂色"命令，打开"添加杂色"对话框。设置杂色的数量，生成草坪质感。使用同样的方法为车行道添加杂色，增加草坪、车行道质感，完成后如图 3-52 所示。

图 3-52 草坪、车行道添加杂色

二、制作灌木

制作灌木时，可以使用植物素材添加灌木，也可以先在 CAD 中绘制出灌木区，再用 Photoshop 进行填色处理。本书主要使用画笔工具进行灌木绘制。

1. 认识画笔工具

画笔工具可用于绘制各种随意线条图形，可以模拟马克笔、水彩笔等手绘效果。如果和手绘板一起使用，会有更精确的手绘线条。画笔工具的快捷键为 <B>。画笔工具是一个工具组，在画笔工具处点击鼠标右键，会显示"画笔工具""铅笔工具""颜色替换工具""混合器画笔工具"。

画笔工具属性栏可用于设置画笔样式、画笔大小的"画笔预设"，切换到画笔面板，调节画笔的混合模式，调节画笔颜色的不透明度及流量，如图 3-53 所示。

（1）"画笔预设" 打开"画笔预设"控制面板，如图 3-54 所示。滑动"大小"滑块可设置画笔大小（快捷键 <［> 和 <］>）。滑动"硬度"滑块可以调节画笔的连贯程度。

下部图框中主要是画笔样式，可单击图标选择画笔样式。若需要追加或调用其余画笔样式，可单击"大小"旁的 按钮，出现画笔菜单列表，选择"载入画笔"命令。

图 3-53 画笔工具属性栏

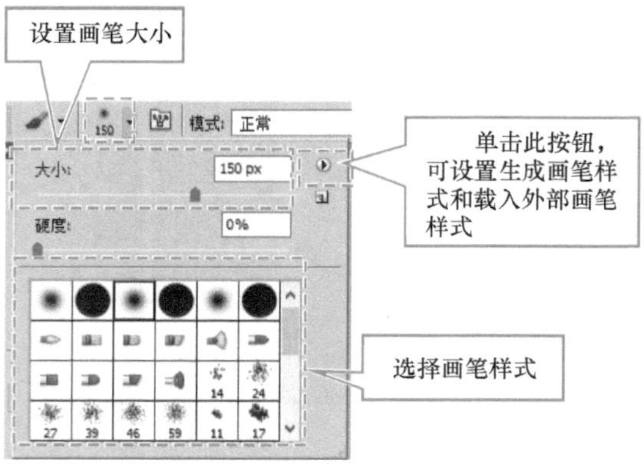

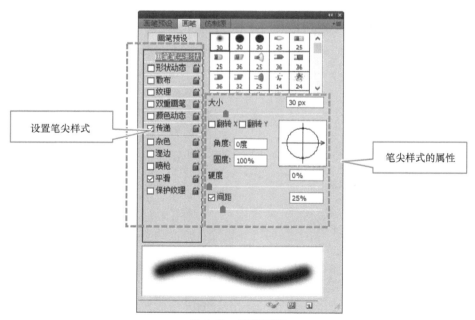

图 3-54 "画笔预设"控制面板

（2）"画笔面板" 🖌 单击"画笔面板"按钮，调出画笔面板，可以设置画笔的表现方式，如图 3-55 所示。在"画笔预设"中，左侧列表为笔尖样式，右侧为各样式对应的属性。勾选笔尖样式前的复选框则可以选用该样式。

（3）混合模式 画笔混合模式下拉列表中可以选择绘制笔触相交融合的模式。画笔混合模式内容和图层混合模式内容相似。

2. 使用画笔工具制作灌木

01 加载灌木画笔。单击画笔工具，打开"画笔预设"控制面板。单击 ⊙ 按钮，打开下拉菜单。选择"载入画笔"命令，选择本案例中提供的画笔工具，如图 3-56 所示，新的画笔就出现在画笔样式中，如图 3-57 所示。选择常用的绘制灌木画笔。画笔混合模式设置为"正常"，"不透明度"和"流量"都设置为100%。

图 3-55 画笔面板

02 新建图层，命名为"灌木"，设置为当前可编辑图层。设置前景色为深绿色，R 为 28、G 为 98、B 为 17；背景色为浅绿色，R 为 186、G 为 233、B 为 160。用画笔直接在"灌木"图层上进行绘制，生成如图 3-58 所示效果的。打开"灌木"图层的"图层样式"，选择"描边"，设置"颜色"为黑色，"大小"为"1 像素"，如图 3-59 所示，为灌木添加黑色描边。

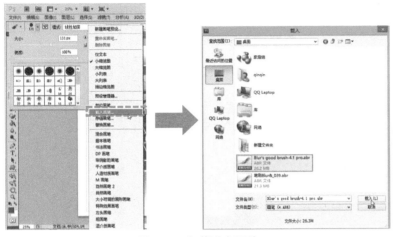

图 3-56 加载灌木画笔

图 3-57 加载的新画笔样式

搜集常用的绘制灌木画笔

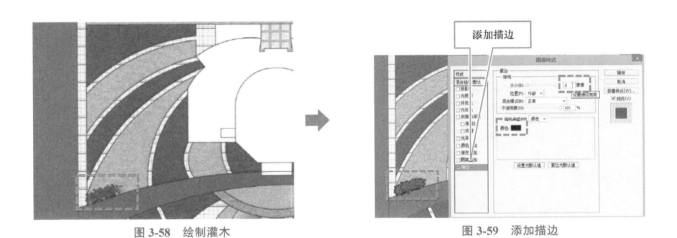

添加描边

图 3-58 绘制灌木

图 3-59 添加描边

03 使用同样的方法在"灌木"图层上继续绘制。画笔前景色也可以换成深紫色,R 为 140、G 为 72、B 为 158;背景色换为浅紫色,R 为 223、G 为 234、B 为 17,绘制色彩配置如图 3-60 所示。

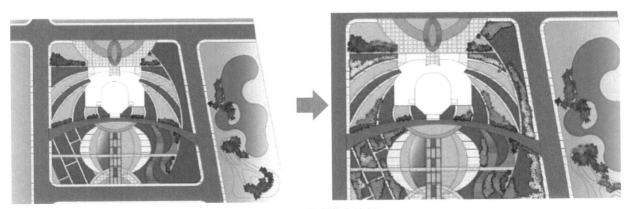

图 3-60 完成灌木绘制

三、制作乔木

在园林总平面图中，乔木的添加主要使用植物平面素材。在添加植物时，需要用到变形工具；进行树木栽植时，需要用到复制工具。

1. 变形工具（快捷键 <Ctrl+T>）

变形工具可以使图像大小、形状扭曲变化，使用该工具会在图片周围出现控制框和控制点，如图 3-61 所示。拖动控制点，则可以进行变形，如图 3-62 所示。若需要等比例缩放，则需要按住 <Shift> 键。此外，也可以通过设置属性栏上的长宽值进行缩放。

图 3-61　控制框和控制点

缩放完成后，需要单击属性栏上的 ✔ 按钮，或者按 <Enter> 键，确认变形。若需要取消变形效果，则单击属性栏上的 ⊘ 按钮。

指针在变形框外，变成 90° 的双向箭头，则可以对变形框进行方向旋转。

变形工具还可以进行"透视""扭曲""变形"等效果处理。

图 3-62　图像变形

2. 图层与图像的复制

（1）图层复制（快捷键 <Ctrl+J>）　图层复制方法有以下四种：

1）在图层列表上点击鼠标右键，选择"复制图层"命令，出现"复制图层"对话框。

2）选择"图层"下拉菜单→"复制图层"命令。

3）在图层控制面板上直接单击所选图层并拖动到"新建图层"按钮 ⬚ 处。

4）使用移动工具 +<Alt> 键，拖动图像，即可复制图像，并且在图层列表自动生成新图层，如图 3-63 所示。

图 3-63　复制图层

（2）图像复制 若只是对图层上的某图像进行复制，则需要先选择图像区域。选择移动工具，在选区中指针会变为带有小剪刀的箭头符号，在

选区处单击剪切，如图 3-64 所示。再使用移动工具 +<Alt> 键进行拖拽，复制出新的图像。采用这种方法不会生成新的图层，如图 3-65 所示。

图 3-64 选区剪切　　　　　　　　　图 3-65 移动工具 +<Alt> 键进行拖拽

除上述方法外，图像复制也可以通过复制图像所在的图层来实现。

3. 图层组管理植物

在园林图纸中，植物图层较多，为了方便管理，可以将同类型物体的图层放在一个文件夹中。此时，可以创建图层组进行管理。

（1）创建图层组 单击"图层"下拉菜单，选择"新建"→"组"命令，弹出"图层组"对话框，可以创建图层组。单击图层列表下的"创建图层组"按钮 ，也会弹出"图层组"对话框。将图层移动到图层组里，一起进行管理，如图 3-66 所示。

图 3-67 删除图层组

4. 添加乔木

01 打开植物素材文件。使用移动工具 +<Ctrl> 键选中植物所在图层，并用移动工具将植物素材拖动到总平面图上，如图 3-68 所示。自动生成新图层，更改图层名为"乔木 1"。

02 调整植物大小。按 <Ctrl+T> 键，按住 <Shift> 键等比例缩放植物，完成后按 <Enter> 键，确认变形，如图 3-69 所示。

03 用选框工具拉出选区，用移动工具将植物图像剪切，如图 3-70 所示。用移动工具 +<Alt> 键进行复制，如图 3-71 所示。完成行道树种植，如图 3-72 所示。

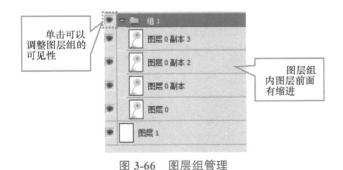

图 3-66 图层组管理

（2）删除图层组 如果需要删除图层组，可以右击图层列表，在下拉菜单中选择"删除组"命令，如图 3-67 所示。

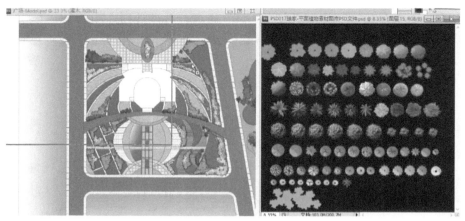

图 3-68 拖动植物素材进入总平面图

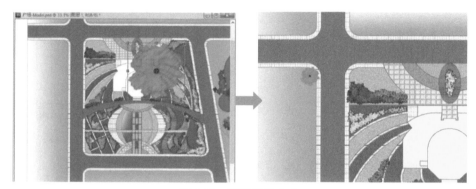

图 3-69 调整植物大小

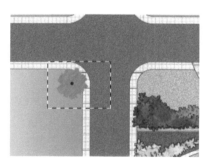

图 3-70 创建选区

图 3-71 复制图像

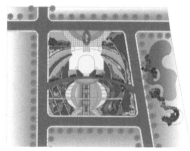

图 3-72 完成种植

04 更改图层效果。如图 3-73 所示，调出"乔木 1"图层样式对话框。选择"投影"效果，调节"距离"，让投影效果更明显。在此植物素材中，也可添加"描边"效果，增加黑色描边，让植物轮廓更清楚。完成后如图 3-74 所示。

05 用同样的方法进行其他乔木的添加。各乔木生成单独图层，分别添加图层样式，设置植物阴影，如图 3-75 所示。

图 3-73　添加描边及投影

图 3-74　完成效果

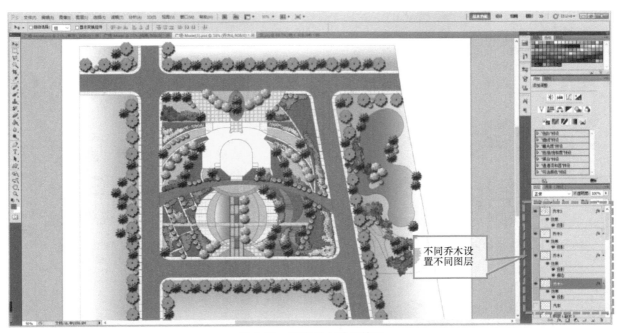

图 3-75　完成乔木种植效果

不同乔木设置不同图层

四、添加其他素材及效果

1. 添加交通工具

01 添加车行道分割线。新建图层，命名为"道路线"，设为当前图层。用选框工具在车行道上拉出一个矩形框。设置前景色为白色，按 <Alt+Delete> 键填充前景色，如图 3-76 所示。

02 复制车行道分割线。在保留选区情况下，用移动工具 +<Alt> 键进行图像复制，生成多条车行道分割线。绘制竖向的分割线，按 <Ctrl+T> 键进行变形转动（从横向转为竖向），继续复制。完成复制后，按 <Ctrl+D> 键取消选区，如图 3-77 所示。

03 添加平面汽车。打开小品素材文件，找到平面汽车所在图层，用选框工具选择需要的汽车样式，用移动工具剪切，如图 3-78 所示。将小汽车拖动到总平面图中，对汽车进行大小变化，如图 3-79 所示。可以通过图像复制的方法，复制多辆汽车，完成后如图 3-80 所示。

2. 添加水体效果

01 为水体增加深度感。在水体图层上，调出"图层样式"对话框，勾选"内阴影"，如图 3-81 所示，调节阴影距离，生成水体凹陷的效果。

图 3-76 添加车行道分割线

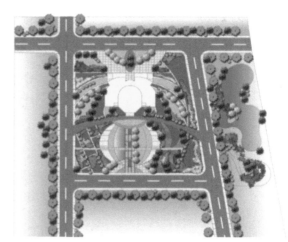

图 3-77 复制车行道分割线

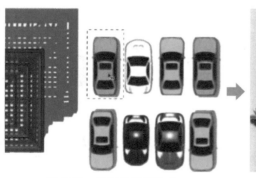

图 3-78 选择并剪切汽车

图 3-79 变化汽车大小

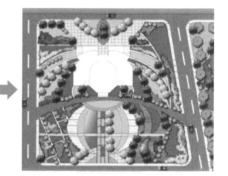

图 3-80 复制多辆汽车

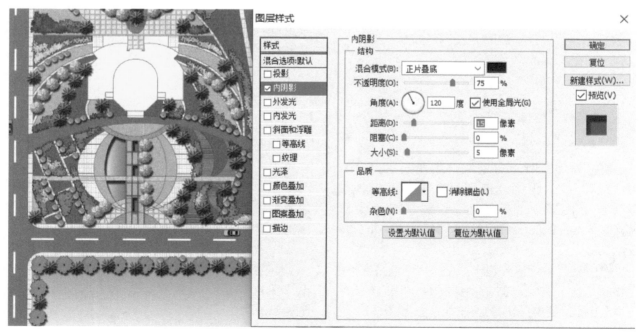

图 3-81 添加水体效果

02 添加水喷泉。打开画笔工具，找到画笔样式，如图 3-82 所示。设置前景色为白色。新建图层并命名为"喷泉"，放在"水体"图层之上。用画笔工具画几个小点，即为水喷泉，如图 3-83 所示。

3. 添加建筑

新建图层并命名为"建筑"，选用"油漆桶工具"，勾选属性栏"所有图层""连续"，将前景色设置为米色（R 为 250、G 为 245、B 为 207），单击需要填充的区域。双击"建筑"图层列表空白处，调出"图层样式"对话框。选择"描边"，设置描边颜色为"黑色"，线粗为"3 像素"。选择"投影"并设置投影距离，如图 3-84 所示。

4. 撤销步骤

在整个总平面图的绘制中，不会像实例演示一样一帆风顺；如果操作失误的话，需要撤销上一步，撤销的快捷键为 <Ctrl+Alt+Z>。此外，单击"窗口"下拉菜单，选择"历史记录"命令，直接单击步骤列表中的步骤名称也可回到该步骤。

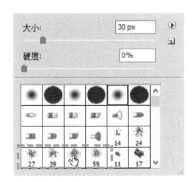

图 3-82　画笔样式

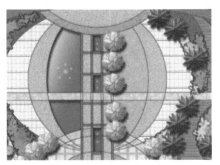

图 3-83　添加水喷泉

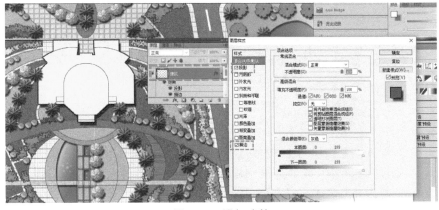

图 3-84　添加建筑

5. 完成总平面图绘制

完成广场总平面图绘制，如图 3-85 所示。单击"文件"菜单，选择"保存"命令，保存为 PSD 文件格式。

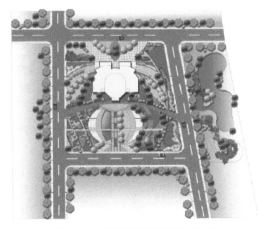

图 3-85　完成总平面图的绘制

项目四　道路绿化效果图后期制作

一、项目描述

在 Photoshop 中，完成道路绿化效果图后期制作，如图 4-1 所示。

图 4-1　道路绿化效果图（一点透视效果图）

二、学习目标

1. 掌握橡皮擦工具的使用，包括一般橡皮擦工具、背景橡皮擦以及魔术橡皮擦。
2. 了解 Photoshop 路径工具，能够运用钢笔工具和形状工具绘制简单的路径图形。
3. 能够使用变形工具对图像进行透视、扭曲、翻转等操作。
4. 能够使用文字工具进行文字添加。
5. 了解一点透视关系，能够运用正确的透视关系添加植物、人物和其他构筑物素材。

三、参考学时

8 学时，包括 4 学时讲解与演示、4 学时技能训练。

四、地点及条件

理实一体化机房，完整安装 Photoshop CS5 软件。

五、成果提交

每位同学根据老师的演示讲解，独立完成道路绿化 Photoshop 后期处理，分图层，保存为 PSD 格式，提交至指定文件夹。

任务一 添加背景

一、橡皮擦工具

1. 一般橡皮擦

一般橡皮擦可用于将图层中的图像擦除。在橡皮擦属性栏中，橡皮擦类型有画笔、铅笔和块。通常橡皮擦类型选择"画笔"选项，用法和"画笔工具"用法相似。"橡皮擦大小""画笔样式""不透明度""流量"属性可以调整。如图 4-2 所示为不透明 51%、流量 51% 的擦除效果。

图 4-2　一般橡皮擦

2. 背景橡皮擦

背景橡皮擦中心有个十字形靶框，拾取颜

色时，所包含颜色范围即为擦除颜色，如图 4-3 所示。

图 4-3　背景橡皮擦

3. 魔术橡皮擦

魔术橡皮擦可用于根据颜色近似程度来擦除图像。当使用魔术橡皮擦在图层上单击时，与单击处相同的颜色即被擦除，如图 4-4 所示。

二、制作背景

道路大面积的背景是道路绿化效果图非常重要的部分，所以绘制效果图的第一步是为渲染图删掉不需要的背景，添加适合的背景图片。

用魔术橡皮擦单击后，熊猫的脸颜色被删除，变为透明

图 4-4　用魔术橡皮擦删除颜色

01 在 Photoshop 中打开"Alpha.tga""材质.tga""阴影.tga"三个文件，按住 <Shift> 键不放，用移动工具将三个文件拖入"渲染.tga"中。

在"渲染"文件中，将这些新图层分别命名为"Alpha""材质""阴影"，如图 4-5 所示。在使用过程中保持这三个图层位于最上方。

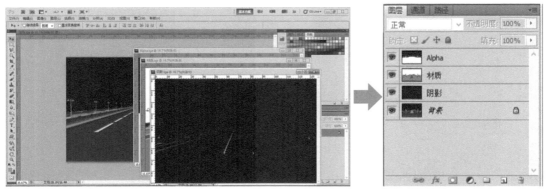

图 4-5 合并图像

技巧与提示：

在将图像拖进"渲染"文件时，需要图像上下左右对齐，方便之后选区能对应。在边缘对齐时，会有像磁铁吸附过去的感觉，可以仔细体会。

02 双击"背景"图层，解锁，更改为可编辑的"图层 0"，并重新命名为"背景"。关闭"Alpha""材质""阴影"三个图层，如图 4-6 所示。

03 打开魔术橡皮擦工具，单击"背景"图层中的黑色背景天空，将黑色背景删除，如图 4-7 所示。

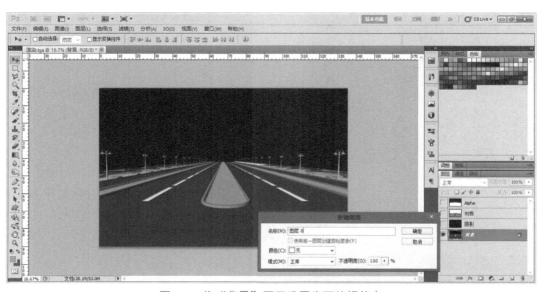

图 4-6 将"背景"图层设置为可编辑状态

图 4-7 用魔术橡皮擦删除黑色背景

技巧与提示：

　　用魔术橡皮擦时，可以调整属性栏中的"连续"选项。如图4-8中，左边图是"连续"勾选时，路灯中黑色不能一起删除；右边图是"连续"取消勾选时，路灯中黑色随同背景黑色一起删除。

图4-8 "连续"选项的效果

04 打开天空素材，将其拖入渲染图中，并调整图层顺序，将天空图层设置为"渲染"图层下，如图4-9所示。

图4-9 添加天空背景

任务二　绘制透视线

一、路径工具基础

　　路径工具是 Photoshop 中的矢量工具，可以用来绘制矢量图像，也可以用来建立选区。路径可以为直线或曲线，可以通过节点来调整曲线曲率和位置，适用于轮廓复杂和边界要求平滑的选区。

1. 认识路径工具

　　Photoshop 中有一套路径创建和编辑工具，如图4-10所示，从左往右依次是钢笔工具组、形状工具组、路径选择工具组。

图4-10 钢笔工具组、形状工具组、路径选择工具组

（1）路径工具的概念　在 Photoshop 中，路径是指可以转换为选区或使用颜色填充和描边的轮廓，通过编辑路径的锚点，可以改变路径的形状，如图 4-11 所示。

图 4-11　通过路径绘制及填充的矢量图像

（2）路径的功能

1）路径与选区可以相互转化，如图 4-12 所示。

图 4-12　通过路径转化为选区

2）更方便地绘制复杂的图像。

3）利用填充或描边命令，做出特殊效果。

4）路径可单独作为矢量图输入到其他矢量图中。

（3）"路径"面板　选择"窗口"菜单→"路径"命令，就会出现"路径"面板。如图 4-13 所示，在"路径"面板的最下面有一排小图标，从左往右分别为用前景色填充路径，用画笔描边路径（需要提前设置画笔样式、大小参数），将路径作为选区载入，从选区创建路径，新建路径，删除当前路径。

2. 钢笔工具组

钢笔工具组是常用的路径工具。钢笔工具组中从上到下分别为"钢笔工具""自由钢笔工具""添加锚点工具""删除锚点工具"和"转换点工具"，如图 4-14 所示。"钢笔工具"通过单击产生锚点的方式生成路径，可以生成直线路径或者曲线路径，如图 4-15 所示。锚点的编辑通过工具组内"添加锚点工具""删除锚点工具""转换点工具"实现。

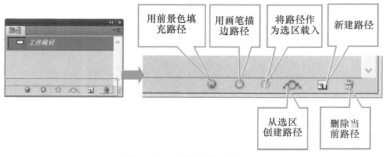

图 4-13　"路径"面板

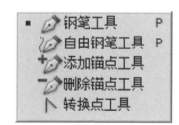

图 4-14　钢笔工具组

图 4-15　"钢笔工具"通过锚点生成路径

3. 形状工具组

在 Photoshop 中，有 6 个形状工具绘制各种形状的路径，如图 4-16 所示。

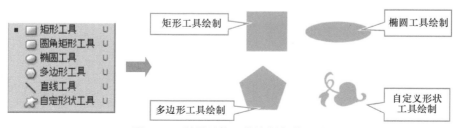

图 4-16　利用形状工具绘制各种图形

在形状工具属性栏中，可以设定绘制"形状图层"（绘制路径和填充，并且单独生成一个矢量图层）、"路径"（只绘制路径）、"填充"（只有填充，没有路径，生成像素图），也可以设置绘制的形状样式，如图 4-17 所示。

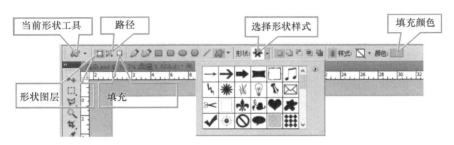

图 4-17　形状工具属性栏

二、路径工具绘制透视辅助线

透视关系在立面效果图中很重要，对于初学者来说，掌握透视关系有一定的难度。我们可以运用路径工具绘制透视辅助线，展现效果图中正确的透视关系。

1. 透视原理

透视绘画法是指通过一块透明的平面去看景物，将所见景物准确描绘在这块平面上，即成该景物的透视图。在平面画幅上根据透视原理，用线条来显示物体的空间位置、轮廓和投影的科学称为透视学。常见的透视关系有一点透视、两点透视、多点透视，如图 4-18 所示。透视关系最主要的表现为"近大远小"，即近处的景物大，远处的景物小。

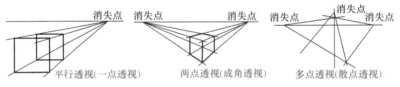

图 4-18　透视关系

2. 绘制视平线

视平线是指与画者眼睛平行的线，需要区别于地平线。透视线条都会交汇于视平线上的消失点。

01 点开工具栏中的形状工具组，选择"直线工具"，在工具属性栏中选择粗细为"10px"，如图 4-19 所示，并将前景色设置为 R：42、G：250、B：250。

图 4-19　透视线属性设置

02 新建一个图层。使用 <Shift> 键 +"直线工具"绘制一条不会变形的直线，如图 4-20 所示。

3. 绘制透视线

本道路案例为一点透视效果图，为了在添加后期植物素材时，能够满足透视关系，需要绘制几条相交于中心消失点的透视线作为辅助。

选择"直线工具"，在工具属性栏中选择粗细为"5px"，并将前景色设置为 R：250、G：0、B：45。绘制中心消失点的透视线，如图 4-21 所示。

图 4-20　绘制视平线

图 4-21　绘制透视线

任务三　添加植物

一、变形工具

变形工具快捷键为 <Ctrl+T>。使用变形工具时会出现变形框，可以任意改变选区大小和角度。调用变形工具后点击鼠标右键，可进行透视、翻转、扭曲等变形，如图 4-22 所示。

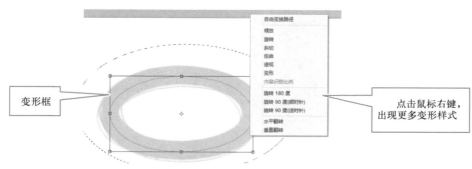

图 4-22　变形工具

1. 透视

"透视"命令是上、下、左、右两个相邻的角点一起变化，可以做出上下放大或左右放大的效果，如图 4-23 所示。

2. 扭曲

"扭曲"命令可以通过调整变形框上每个控制点的位置，做出任意变形，如图 4-24 所示。"扭曲"变形比"透视"变形应用更广。

图 4-23　透视

图 4-24　扭曲

技巧与提示：

　　在扭曲变形时，可按住 \<Alt\> 键不放，拖动变形框的角点。与"扭曲"效果一样。

3. 变形

"变形"命令可以通过调整变形框中的控制点，进行局部变形或整体变形，如图4-25所示。

图 4-25　变形

4. 水平翻转

"水平翻转"命令可用于将当前选区进行水平翻转，如图4-26所示。

图 4-26　水平翻转

5. 垂直翻转

"垂直翻转"命令可用于将当前选区进行垂直翻转，如图4-27所示。

图 4-27　垂直翻转

二、制作行道树

为道路添加立面植物时，需要注意透视中的近实远虚、近大远小的关系。添加顺序是先添加远景，然后添加中景和近景。

1. 添加植物素材

（1）添加背景植物

01 单击菜单中的"文件"→"打开"命令，选择"背景"图像，选择"套索工具"，在工具选项栏中将"羽化"值改为"20px"，选择背景图层中树和远山的部分，如图4-28所示。

图 4-28　选中远山及背景树

02 将选中的区域直接拖至道路绿化效果图中，如图4-29所示。调整图层顺序，将远景树图层调整至道路绿化图层下。柔化背景边界，可以选择橡皮擦工具，选择边缘柔和的橡皮擦画笔，橡皮擦的"不透明度"和"流量"均调整为50%，进行擦除，最终效果如图4-30所示。

图 4-29　拖动选区，添加背景树

03 添加另一侧背景。选中远景树图层，对其进行复制，执行"自由变化"命令中的"水平翻转"命令，并调整远景树至道路绿化效果图中的合适位置，如图4-31所示。

图 4-30　调整图层，用橡皮擦柔和边缘

图 4-31　复制背景，并水平翻转

（2）添加并复制行道树　行道树是指种在道路两旁，给车辆和行人遮阴并构成街景的树种。在选择行道树时，应该尽量选择树冠较大、分支点较高的树种。

01 单击菜单中的"文件"→"打开"命令，打开植物素材文件，选择素材（见图 4-32），并将选中的植物素材移至道路绿化效果图中。

图 4-32　打开素材

02 使用 <Alt> 键 + 移动工具，在每一个树池上复制一棵树。用变形工具，按照透视线方向调整大小，使其满足"近大远小"的透视关系，如图 4-33 所示。

图 4-33　复制行道树，调整透视关系

03 使用 <Alt> 键 + 移动工具，复制一棵行道树到道路另外一侧，依据透视线调整植物大小，完成另一侧行道树的添置，如图 4-34 所示。

图 4-34　添加另一侧行道树

技巧与提示：

　　在复制行道树时，使用复制图层的方法生成多个图层。注意前后植物的上下图层顺序。行道树图层较多，需要建立"图层组"进行管理。

2. 制作植物阴影

01 复制一个行道树图层，用 <Ctrl+T> 键将其放倒，用变形工具中的"透视"命令，将复制的行道树压扁，使其符合透视变形关系，如图 4-35 和图 4-36 所示。

图 4-36　透视变形

02 快速选择区域。单击图层缩略窗口，同时按住 <Ctrl> 键，则可以将该图层的所有像素都选中，如图 4-37 所示。

03 按 <Alt+Back Space> 键，用前景色"黑色"填充。添加"动感模糊"滤镜，调整"距离"值为 300 像素，并调整"行道树阴影"图层的不透明度为 70%，如图 4-38 所示。

图 4-35　调整方向

选中树阴影区

按住<Ctrl>键并单击图层缩略图进行快速选择

图 4-37　快速选择树阴影

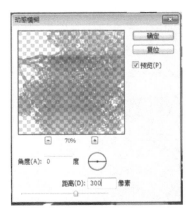

图 4-38　动感模糊制作阴影

04 使用 <Alt> 键＋移动工具，将该阴影复制至每棵行道树下，如图 4-39 所示。

图 4-39　复制阴影

05 运用相同的方法完成小树的种植和投影的设置，如图 4-40 所示。

图 4-40　完成小树的种植和投影的设置

三、添加灌木及地被

1. 添加灌木素材

灌木是指那些没有明显的主干、呈丛生状态、比较矮小的树木，一般可分为观花、观果、观枝干等几类。

01 添加花坛。打开花坛文件，复制花坛素材到效果图中，如图 4-41 所示。按住 <Ctrl+T> 键，调整花坛位置和大小，将其移动到小树旁。

图 4-41　添加花坛

02 选择花坛图层，使用 <Alt> 键＋移动工具进行图层的复制。依据透视辅助线，调整花坛大小。结果如图 4-42 所示。

图 4-42　复制花坛

2. 添加草坪

01 打开草坪素材，将其添加到道路效果图中，将草坪区域全部覆盖。

02 显示"材质"图层，用"魔棒工具"将紫色区域的草坪全部选中，如图 4-43 所示。

03 关闭"材质"图层，并为草坪图层添加一个图层蒙版，如图 4-44 所示。

图 4-43　选择草坪区域

图 4-44 添加草坪

04 打开灌木素材，拖动素材到效果图中心绿地，使用 <Alt> 键 + 移动工具复制植物，并为小树和花坛素材制作投影，结果如图 4-45 所示。

图 4-45 添加中间绿化带灌木

四、添加配景

1. 添加汽车

打开素材 2，选择小汽车素材，利用移动工具 +<Ctrl> 键选择图上需要的小汽车，选中该小汽车所在的图层，利用移动工具将该图层拖动到效果图中，按 <Ctrl+T> 键将小汽车调整到合适的大小，如图 4-46 所示。利用同样的方法添加其他小汽车。

图 4-46 添加小汽车

2. 添加人物

打开行人素材文件，选择人物所在图层，用移动工具将行人拖到效果图中。按住 <Ctrl> 键，单击行人图层缩略图，生成选区，将行人填充为

白色。按 <Ctrl+T> 键将行人自由变形并放置在树荫下，如图 4-47 所示。利用同样的方法添加其余人物，完成后如图 4-48 所示。

图 4-47 添加人物

图 4-48 完成小汽车、人物添加

五、题字

完成道路绿化效果图后，可以运用"文字工具"为效果图添加标题。

1. 文字工具

Photoshop 中提供了文字书写编辑功能。

（1）创建点文字 选择"文字工具" **T**，在背景图层上单击，即可创建单行文字。确认书写完成后单击属性栏的 ✓。

（2）创建段落文字 选择"文字工具" **T**，在操作界面由左上向右下拉出一个文字选框，即可创建段落文字，如图 4-49 所示。

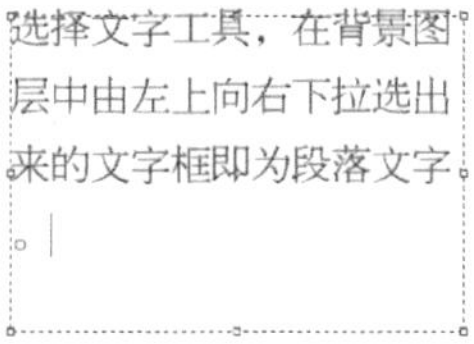

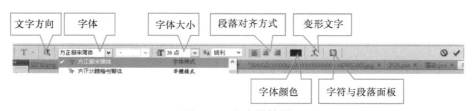

图 4-49 创建段落文字

> **技巧与提示：**
> 单行文字不能自动换行，段落文字可以自动换行。拉动段落文字的边框可以调整换行的情况。

（3）文字调整 文字工具属性栏中有"字体""字体大小"等属性可以设置，如图 4-50 所示。

2. 效果图上题字

01 创建上下边框。新建图层，选择矩形选框工具，上下各创建一个边框，并填充为白色，如图 4-51 所示。

文字方向 字体 字体大小 段落对齐方式 变形文字

字体颜色 字符与段落面板

图 4-50 文字属性栏

图 4-51 创建上下边框

02 选择文字工具，在文字工具属性栏中选择"方正报宋简体"，字体大小为"80 点"。在效果图的左上角输入文字"道路绿化效果图"，如图 4-52 所示。

图 **4-52**　添加标题文字

项目五　小区日景绿地效果图后期制作

一、项目描述

运用 Photoshop 软件，为景观模型渲染图制作后期效果，添加植物，调节色彩，运用通道蒙版制作各种效果。在 Photoshop 中，完成小区日景绿地效果图制作，如图 5-1 所示。

图 5-1　居住小区效果图后期

二、学习目标

1. 掌握两点透视效果图 Photoshop 后期制作要点。
2. 理解 Photoshop 通道的概念，能够运用通道进行素材图片抠取。
3. 理解 Photoshop 蒙版的概念，了解三种蒙版的建立方式，能够运用蒙版进行图片的遮挡和融合处理。
4. 掌握 Photoshop 常用的色调调整方法，能够对图片进行对比度、颜色和色相等调整。

三、参考学时

12 学时，包括 6 学时讲解与演示、6 学时技能训练。

四、地点及条件

理实一体化机房，完整安装 Photoshop CS5 软件。

五、成果提交

完成小区日景绿地效果图，保存为 PSD 格式，提交至指定文件夹。

任务一　分析图纸

一、小区景观设计

随着社会经济的发展，居民对生活质量要求的提高，人们普遍追求营造高品质的小区环境。小区景观设计并非只是在空地上配置花草树木，而是一个集总体规划、空间层次、建筑形态、竖向设计、花木配置等功能为一体的综合概念，整体化的设计已成为住宅小区景观规划设计的必然手法。小区景观需要满足居民日常活动与游园观赏，如图 5-2 所示。

图 5-2　小区景观

二、导入渲染图像处理

小区效果图中，一般会用 3ds Max 或者 SketchUp 建立模型，将模型、材质、通道等文件导入 Photoshop 中，在 Photoshop 中进行后期处理。

1. 合并渲染图像与通道图层

01 在 Photoshop 软件中打开本案例"渲染.tga"文件，双击该图像背景图层，重命名为"底图"。打开"阴影.tga""材质.tga"文件，按住 <Shift> 键，将这两个文件拖入渲染图文件中，如图 5-3 所示。

"阴影""材质"图层位于最上方

图 5-3　打开的图像文件

> **技巧与提示：**
> 新拖入的图层与原文件图层需要对齐，否则在之后的选区中会出现错误。可以按住 <Shift> 键将外部图像拖入，保证对齐。

02 在"底图"图层上，使用"魔术橡皮擦工具" ![icon]，单击天空黑色区域，删除天空。完成后如图 5-4 所示。

2. 处理背景天空和草坪

01 单击菜单栏下的"文件"→"打开"命令，打开"小区渲染最终"文件夹中的"天空.jpg"文件。利用移动工具将天空拖入小区场景中，按 <Ctrl+T> 键将其调整至合适画面，然后将其所在图层命名为"天空"，并将其调整到"底图"图层下方，效果如图 5-5 所示。

图 5-4 删除黑色天空

02 打开"草坪"素材，将其拖动到渲染图中，然后进行复制，将需要的草坪区域覆盖住，如图 5-6 所示。复制完成后按 <Ctrl+E> 键，向下合并图层，将草坪图层合并成为同一个图层。

03 打开"材质"图层，运用"魔棒工具"在"材质"图层上选择草坪区域，魔棒工具属性栏取消勾选"连续"，如图 5-7 所示。

04 完成选区后，关闭"材质"图层，回到"草坪"图层，按快捷键 <Ctrl+Shift+I> 反向选择，如图 5-8 所示。再按 <Delete> 键删除选区填充，按 <Ctrl+D> 键取消选区，完成后如图 5-9 所示。

图 5-5 添加天空

图 5-6 添加草坪

图 5-7 选择草坪区域

图 5-8　草坪区域反选

图 5-9　删除草坪外区域

任务二　添加植物及配景

一、通道与蒙版工具

1. 通道

（1）通道的概念　通道是文档的组成部分，它利用灰度亮度值存储了颜色信息。在 Photoshop 环境下，将图像的颜色分离成基本的颜色，每一个基本的颜色就是一条基本的通道，如图 5-10 所示。

图 5-10　图像通道面板

图像模式是 RGB 时，通道工作面板会出现混合通道和 3 个单色通道（红、绿、蓝）。单击颜色通道左边的"眼睛"图标将使图像中的该颜色隐藏，可以见到其他两个通道混合后生成的图像，如图 5-11~图 5-13 所示。

图 5-11　关闭红色通道后的颜色

图 5-12　关闭绿色通道后的颜色

图 5-13　关闭蓝色通道后的颜色

（2）通道调板　通道有两种用途：一是存储图像的颜色信息；二是存储选择范围。当建立新文件时，颜色信息通道就已经自动建立了。不同颜色模式的通道数量不同，例如，RGB 模式的图像具有 3 个单色通道：红色通道存储红色信息、绿色通道存储绿色信息、蓝色通道存储蓝色信息，如图 5-14 所示；CMYK 模式的图像具有 4 个单色通道：青色通道、洋红通道、黄色通道和黑色通道，如图 5-15 所示；而灰阶模式的图像只有一个黑色通道。

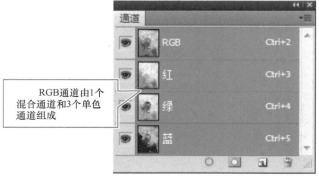

图 5-14　RGB 颜色通道

图 5-15　CMYK 颜色通道

（3）通道与选区　在通道中可以根据黑白进行选区。在"通道"面板下面有一排按钮，如图 5-16 所示，可以将通道作为选区载入，也可以将选区存储为通道。

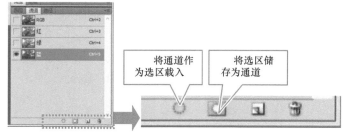

图 5-16　通道与选区

单击"将通道作为选区载入" ⭕ 按钮，通道信息中的白色区域会生成选区。如果目标选区为黑色区域，则需要按 <Ctrl+Shift+I> 键进行反选。

2. 蒙版

（1）蒙版的概念　蒙版是一种透明的模板，覆盖在图像上保护某一特定的区域，允许对图像的选定部分进行绘图和编辑，而图像的剩余部分被蒙版保护着。

（2）蒙版的分类　在 Photoshop 中，蒙版分为快速蒙版、图层蒙版和矢量蒙版。

1）快速蒙版。快速蒙版可以用来建立图像选区，按快捷键 <Q> 或单击工具栏中"以快速蒙版模式编辑"按钮 ⬚ ，进入快速蒙版模式编辑状态。打开通道调板，就会发现系统自动在通道调板里添加了一个"快速蒙版"通道。在快速蒙版上可以用黑色来涂抹拟选择区域，再单击通道下方"将通道作为选区载入"按钮，可以快速选择出区域，如图 5-17 所示。

图 5-17　快速蒙版选区

2）图层蒙版。图层蒙版是加在图层上的一个遮盖，通过创建图层蒙版可以隐藏或显示图像中的部分或者全部。图层蒙版可以利用画笔、喷枪等绘画工具进行绘制。图层蒙版上涂抹黑色，则该图层消失看不见；涂抹白色，消失的区域又能看见。

选择要添加的图层蒙版，执行菜单"图层"→"图层蒙版"→"显示全部"或单击图层调板上的"添加图层蒙版"按钮 ，为当前的图层添加一块白色蒙版（可见蒙版）；如果按住 <Alt> 键的同时单击图层蒙版按钮，则可添加黑色蒙版（不可见蒙版）。在图层调板里，图层的缩略图后面多了一个白色或黑色方块，这就是新添加的蒙版，其周围将出现一个黑色的角框，表示编辑对象是蒙版而非图层，如图 5-18 所示。

图 5-18　添加图层蒙版

技巧与提示：
图层蒙版的"隐藏"效果和橡皮擦工具效果类似。图层蒙版的"隐藏"可以重新显示回来，而橡皮擦工具使用后不能让图像复原。

3）矢量蒙版。矢量蒙版是依靠路径图形来控制图像的显示区域。通过矢量蒙版创建的形状是矢量图，因此边界清晰，并且不管怎么放大缩小都不会失真。

打开图像素材"食物"，按住 <Ctrl> 键的同时单击"添加图层蒙版"按钮，建立矢量蒙版。使用"自定义工具"，选择一个形状在矢量蒙版上绘制，图片被遮盖。改变路径形状，遮罩的形状也将随之而变，如图 5-19 所示。

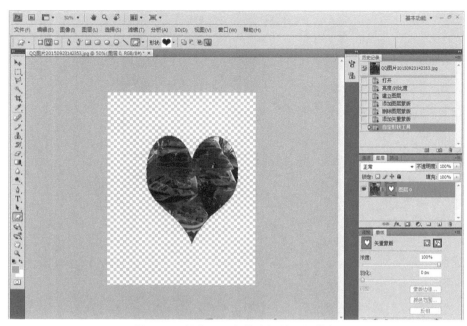

图 5-19   创建显示当前路径的矢量蒙版

二、添加植物

室外效果图后期处理的重要内容是为场景添加一些合适的植物、小品配景。在添加配景时，需要分图层进行添加，保证每种植物设置独立图层，此外要注意植物大小要满足"近大远小"的透视关系。此外，还要为配景添加光影效果。在制作光影效果时，要注意处理好受光面与背光面的深浅关系。添加上配景阴影后，阴影要与场景光照方向一致。

1. 添加远景辅助楼体以及远景树

01 打开"背景素材 .psd"文件，利用移动工具将背景素材拖入场景中，调整它们的位置与不透明度，然后按 <Ctrl+G> 键将这些图层建立图层组，如图 5-20 所示。

图 5-20   添加背景素材

02 打开"远景树素材 .psd"文件，利用移动工具将远景树素材拖入场景中，调整它们的大小、位置与不透明度，如图 5-21 所示。按 <Alt> 键 + 移动工具，复制图层副本，然后将这些图层建立图层组。

图 5-21　添加远景树素材并调整

2. 添加中、前景植物

〔01〕打开"中景素材 .psd"文件，利用移动工具将中景素材拖入场景中，调整它们的大小、位置与色彩，如图 5-22 所示。

图 5-22　添加中景素材并调整

〔02〕单击菜单栏中的"图像"→"调整"→"色相 / 饱和度"命令，在弹出的"色相 / 饱和度"对话框中设置参数，效果如图 5-23 所示。

图 5-23　调整图像色彩

〔03〕打开"前景素材 .psd"文件，运用同样的方法添加前景植物素材，效果如图 5-24 所示。

图 5-24　添加前景植物后效果

三、制作水体

在小区效果图后期处理的过程中，水体、喷泉往往会形成视觉的中心，尤其是喷泉，装饰性很强，能为环境创造出生动、活泼的气氛，美化环境。

1. 制作水面

〔01〕打开"水面 .psd"文件，利用移动工具将水面素材拖入场景中。打开"材质"图层，利用"魔棒工具"选择水面，隐藏"材质"图层，如图 5-25 所示。

图 5-25 添加水面素材

02 在水面图层上，单击"添加图层蒙版"按钮 ⬛，多余区域被蒙版遮住，如图 5-26 所示。

2. 制作喷泉

01 新建图层，将其重命名为"喷泉"。设置前景色为白色，然后单击"画笔工具" ✏，将笔型设置为花斑状笔刷。在图像水面合适的位置向上拖拽鼠标，绘制出如图 5-27 所示的效果。

图 5-26 添加图层蒙版

图 5-27 使用画笔绘制水柱效果

02 让绘制的喷泉变模糊。单击菜单栏中的"滤镜"→"模糊"→"动感模糊"命令，在弹出的"动感模糊"对话框中设置"角度"为"90度"、"距离"为"80像素"，如图5-28所示。

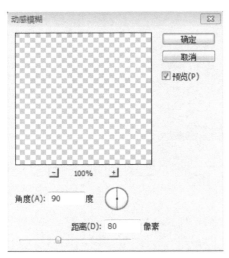

图5-28　"动感模糊"对话框中设置参数

03 用"画笔工具"多次单击喷泉底部，绘制出喷泉水珠效果，再单击工具栏中的"模糊工具"按钮 ◌.，在喷泉底部拖拽几次鼠标，将底部模糊，使其与背景相融合，如图5-29所示。

图5-29　模糊后效果

四、添加人物

添加人物时要注意四点：一是所添加的人物形象要与主体建筑风格相协调；二是人物的阴影与场景中的光照大致方向相同；三是人物穿着要与场景表现的季节相吻合；四是人物与建筑的透视关系要正确。

打开"人物.psd"文件，运用工具栏中的移动工具将人物素材拖入场景中，并注意调整人物图层所在位置，以及人物大小、透视关系，效果如图5-30所示。

思考下，如何利用蒙版，将人物放在栏杆后

图5-30　添加人物后效果

任务三　调整图像与出图

一、色彩与色调调整工具

1. 图像色调调整

（1）"色阶"命令　"色阶"命令用来调整图像的明暗度。执行"图像"→"调整"→"色阶"命令，打开"色阶"对话框。用户可以在通道列表框中选定要进行色阶调整的通道。若选择RGB主通道，色阶调整将对所有通道起作用，如图5-31所示；若只选中 RGB 通道中的单色通道，则色阶调整将只对当前所选通道起作用，如图 5-32 所示。

整图像的对比度等。

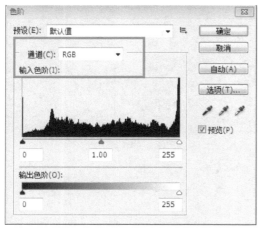

图 5-31　选中 RGB 主通道的"色阶"对话框

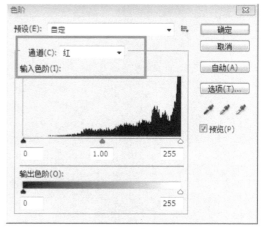

图 5-32　选中红色通道的"色阶"对话框

（2）"曲线"命令　"曲线"命令和"色阶"命令的原理相同，但它可以做更多、更精密的设定。"曲线"命令不仅可调整图像的亮度，还能调

打开一幅图像，然后执行"图像"→"调整"→"曲线"命令（快捷键 <Ctrl+M>），打开"曲线"对话框，拉动曲线位置，可以调整图像的明暗程度，如图 5-33 所示。

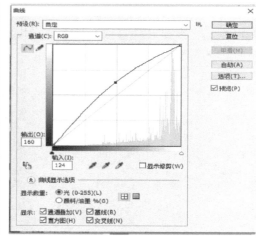

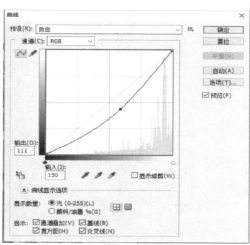

图 5-33　调整图像明暗程度

（3）"亮度 / 对比度"命令　使用"亮度 / 对比度"命令可以很简便、直接地完成亮度和对比度的调整。执行"图像"→"调整"→"亮度 / 对比度"命令，打开"亮度 / 对比度"对话框，如图 5-34 所示。

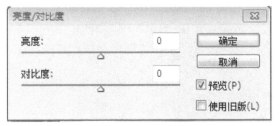

图 5-34　"亮度 / 对比度"对话框

2. 图像色彩调整

（1）"色彩平衡"命令　"色彩平衡"命令主要用于调整图像整体的色彩。执行"图像"→"调整"→"色彩平衡"命令（快捷键 <Ctrl+B>），打开"色彩平衡"对话框，如图 5-35 所示。

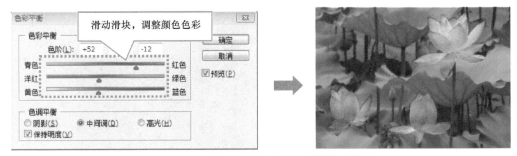

图 5-35　"色彩平衡"对话框和调整后效果

（2）"色相 / 饱和度"命令　"色相 / 饱和度"命令主要用于改变像素的色相及饱和度，它还可以通过给像素指定新的色相和饱和度来给灰度图像染上色彩。

拖动"色相 / 饱和度"对话框中的色相（范围 –180~180）、饱和度（范围 –100~100）和明度（范围 –100~100）的滑块或在其文本框中输入数值，可以进行色彩调节，如图 5-36 所示。

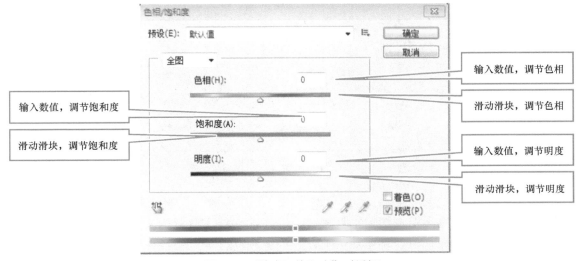

图 5-36　"色相 / 饱和度"对话框

二、图层色彩与色调调整

1. 图层色彩与色调调整命令及按钮的位置

执行"图层"菜单下的"新建调整图层"命令（见图5-37），或单击"图层"面板底部 ⌀ 按钮（见图5-38），都可以对图层色彩与色调进行调整。

图 5-37 "图层"菜单

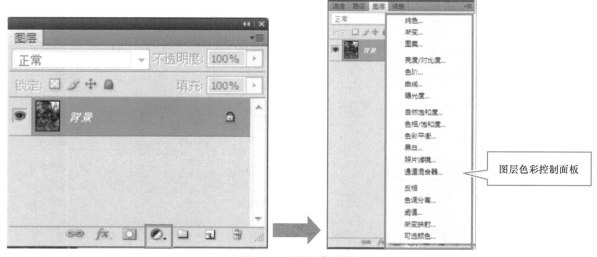

图 5-38 "图层"面板

2. 图层色彩与色调调整的内容

调整图层的优点是不需要更改图像本身的像素，就能对下层的色彩与色调进行调整。该调整图层之下的所有图层都会受到该调整图层的参数影响，如图5-39所示。

如果要让调整图层只对下一个图层起作用，需要单击调整蒙版上的"剪切蒙版"按钮，如图5-40所示，或者在"图层"面板，按住 <Alt> 键的同时单击2个图层中间（出现剪贴标），调整蒙版前会出现向下箭头。

图 5-39　图层色彩调整

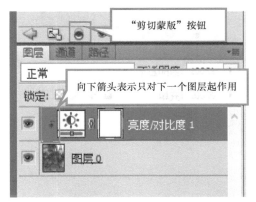

图 5-40　调整只对下一个图层起作用

技巧与提示：

由于调整图层带有"显示全部"蒙版，可以用黑笔涂抹，被涂抹的地方将不出现调整效果，从而在不修改原图层的情况下使图像局部区域得到调整。

三、效果图调整出图

效果图调整出图，包括构图、色彩的统一调整。构图调整效果图的景深效果，同时也起到了平衡构图的作用；色彩的调整主要是为了统一色彩氛围，使色调相得益彰。

1. 添加前景挂角树及阴影

01 打开"前景素材 .psd"文件，利用移动工具将挂角树素材拖入场景中，效果如图 5-41 所示。

02 按住 <Ctrl+J> 键复制"挂角树副本"图层，按住 <Ctrl> 键单击图层缩略图，载入选区并填充黑色，按 <Ctrl+D> 键取消选区，按 <Ctrl+T> 键选择"垂直翻转"命令，如图 5-42 所示。

图 5-41　添加挂角树后效果

图 5-42　阴影变换

03 在树影图层上，单击菜单栏中的"滤镜"→"模糊"→"动感模糊"命令，在弹出的"动感模糊"对话框中设置"角度"为"0度"、

"距离"为"80像素"；在"图层"面板中将树影图层的"不透明度"调整为75%，最终效果如图5-43所示。

图 5-43　添加树影后效果

2. 建筑主体物色调调整

01 单击"材质"图层，利用"魔棒工具"选取建筑主体，隐藏"材质"图层。单击"底图"，按住 <Ctrl+U> 键设置色相/饱和度参数，如图5-44

所示。完成后，按 <Ctrl+D> 键取消选区。

02 按同样的方法调整建筑上部、亭子与花架的色彩。花架的亮度/对比度调整如图5-45所示。

图 5-44　建筑色相/饱和度调整

图 5-45　花架的亮度/对比度调整

3. 图像重新构图

对效果图进行适当的裁剪。运用工具栏中的"裁剪工具"  进行适当的裁剪，加强建筑的主体地位，具体效果如图5-46所示。

图 5-46　图像裁剪后效果

4. 设置暗角

01 在图层列表最上面，按组合键 <Ctrl+Shift+Alt+E> 进行图层映射，自动生成图层1，如图5-47所示。

02 在"图层"面板上新建一个图层，命名为"压色"。设置前景色为黑色，选择工具栏中的"渐变工具"，设置渐变类型为"前景色到透明渐变"、渐变方式为"线性渐变"，然后在图像中自下而上拖拉一个渐变。在"图层"面板中将"压色"图层的不透明度调整为65%，如图5-47所示。

图 5-47　调整图层不透明度

5. 图像色彩与色调调整

01 单击"图层1"，再单击"图层"面板上的"创建新的填充或调整图层"按钮，选择"亮度/对比度"命令，调整对比度为12，如图5-48所示。

02 执行上述操作后，得到的最终效果如图5-49所示。

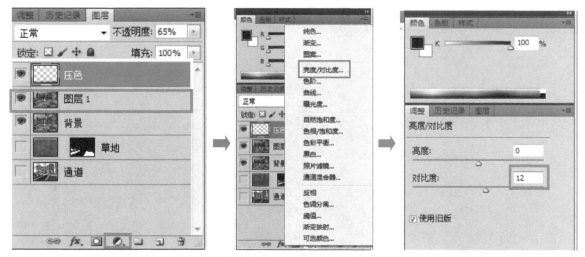

图 5-48　创建新的调整图层

图 5-49　最终效果

项目六 SketchUp 在园林设计中的应用

一、项目描述

打开 SketchUp 软件运行。查看 SketchUp 软件运行界面。打开 SketchUp 模型文件，用查看工具进行查看，为其设置新风格样式并保存，如图 6-1 所示。

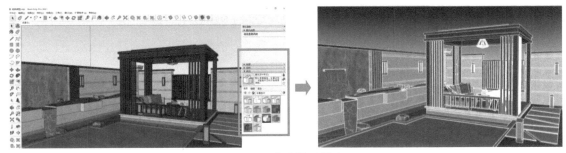

图 6-1 庭院模型样式

二、学习目标

1. 初步认识 SketchUp 软件，了解 SketchUp 软件的特点。
2. 认识 SketchUp 的工作界面组成，认识三维模型空间坐标体系。
3. 掌握 SketchUp 模型显示风格设定方法。
4. 掌握 SketchUp 模型视图查看方法。

三、参考学时

2 学时讲解与演示。

四、地点及条件

理实一体化机房，完整安装 SketchUp 2021 软件。

五、成果提交

将模型样式和查看角度进行调整后，保存为 SKP 格式，提交至服务器上指定文件夹。

任务一 了解 SketchUp 的特点

SketchUp 是一个安装方便，易于上手的三维绘图软件。其表现直观、便捷，为设计师提供灵感与现实自由转换的空间，被越来越多的建筑、园林、装饰设计公司用于方案构思、表现、汇报等用途。SketchUp 主要有以下的特点：

一、学习简单，易上手

1. 启动学习界面

为方便使用者学习，SketchUp 软件的"开

始"界面提供了学习的内容，包括 SketchUp 论坛、SketchUp Campus、SketchUp 视频，如图 6-2 所示。根据网站的提示和技巧，初学者可以学习使用软件，提高操作技能。

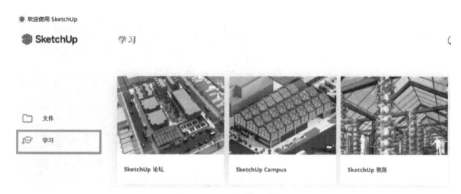

图 6-2　开机学习界面

2. 命令动画展示

SketchUp 提供每个命令的说明、演示动画，方便自学。进入软件后，可以在"窗口"菜单下拉列表中找到"默认面板"→"工具向导"。将"工具向导"打开，在操作界面的右边会出现"工具向导"演示框（见图 6-3），包括当前工具的

使用动画演示、当前工具的名称、工具操作、功能键、高级操作等内容。

功能键是 <Ctrl>、< Shift>、<Alt> 键和它们的组合。功能键可以赋予各工具新的功能，比如运用"移动工具"时，按下 <Ctrl> 键，则有复制功能。

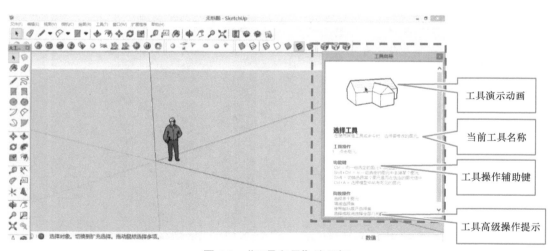

图 6-3　"工具向导"演示框

二、建模方法独特

SketchUp 建模直观、灵活。SketchUp 的几何体由不同的面围合而成，面由线连接而成，相互连接的线与面保持着对周围几何体的属性关联，因此比其他三维软件系统更加智能。

1. 画线成面，推拉成体

SketchUp 建模首先需要由空间的线围合成面，由面通过推拉或者旋转形成几何体，如图 6-4 所示。绘制的线长、面的大小以及推拉的高度可以通过输入数值进行精确控制。

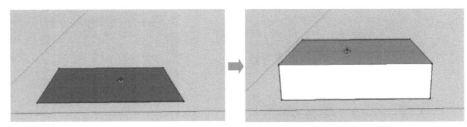

图 6-4　由面推拉成体

2. 强大的耦合与分割功能

在 SketchUp 面上，绘制一条闭合的直线或者曲线，这个面可被分为两部分，如图 6-5 所示。如果删除这条线，那么原来分为两部分的面又合并为一个面。

进行推拉，产生新的几何体，如图 6-6 所示。

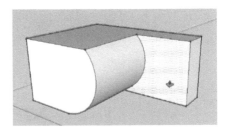

图 6-6　面分割后推拉成新的几何体

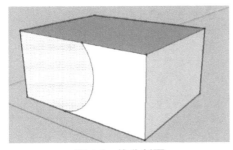

图 6-5　线分割面

一个面被分割为两个不同的面后，可以分别

三、群组与组件便于编辑管理

SketchUp 实体管理主要通过群组和组件来实现。群组和组件可以单独进行编辑、隐藏，方便对模型进行修改。如图 6-7 所示，开机界面中的人物就是一个组件。

可以进行整体移动复制　　　可以进入组件内部进行模型更改

图 6-7　开机界面中的人物就是一个组件

四、效果表现直观

SketchUp 在模型制作过程中，就可以看见效果，它允许设计师一边构思方案，一边修改模型。模型的直观表现，既有利于方案的设计和更改，也有利于给甲方进行方案汇报。

1. 材质贴图方便

SketchUp 强大的材质编辑器和贴图功能能够解决材质色彩不协调、材质填充方向不正确等问题。贴出来的材质，可以实时地在模型中更新，所见即所得。如图 6-8 所示，SketchUp 可以直观

地表现园林的铺装材质。

图 6-8　**SketchUp 可以直观地表现园林的铺装材质**

2. 光影分析准确

SketchUp 有一套比较准确的日照分析系统，可以设定某一城市的经纬度和时间，以得到真实的日照效果。如图 6-9 所示为模型添加日照阴影后的效果。SketchUp 的日照关系是 VRay 进行渲染的光影关系基础，通过 VRay 渲染器可以生成真实的光影场景关系。

日照阴影设置对话框，可以对日照日期进行设定，从而调节阴影的方向和投影长短

图 6-9　模型添加日照阴影后的效果

3. 低成本的动画制作

SketchUp 通过设定场景和场景切换时间，便可实现动画自动演示。可以单击"文件"菜单→"导出"→"动画"，导出演示动画，方便对客户进行汇报演示。

五、SketchUp 的缺点

1. 曲面建模有限

SketchUp 建模功能简单，对于制作曲面物体、异形几何体等复杂物体有局限性，有时需要借助插件完成曲面物体的制作。

2. 渲染真实性欠缺

SketchUp 虽然可以即时表现材质的样式，但是图片导出效果与真实效果还存在一定差距，需要借助 VRay 渲染或者后期 Photoshop 进行处理，生成更真实的效果图。

任务二　认识 SketchUp 的操作界面

一、向导界面

启动 SketchUp 2021，首先出现向导界面。在该界面需要选择绘图模板，园林模型一般以毫米进行绘制，所以选择"建筑毫米"模板，如图 6-10 所示。

图 6-10　向导界面选择适合的建模单位

二、工作界面

进入 SketchUp 2021 工作界面，如图 6-11 所示。

1. 标题栏

标题栏位于界面的最顶部，左侧为 SketchUp 图标，显示文件名称，右侧为窗口最小化、最大化以及关闭按钮。

2. 菜单栏

菜单栏位于标题栏下，包含"文件""编辑""视图""相机""绘图""工具""窗口""帮助"。如果安装了插件，会在菜单栏中显示"扩展程序"菜单。

"文件"菜单：用于创建、打开、导入、保存模型。SketchUp 保存格式为 SKP，而 DWG、JPG、3DS 等格式文件需要用导入和导出进行打开和保存。

"编辑"菜单：用于对场景中的模型进行编辑。

"视图"菜单：用于控制模型的显示。工具栏的显示需要通过此菜单进行控制。

"相机"菜单：用于视角的控制。

"绘图"菜单：包含所有绘图的命令，如画线、画矩形等。

"工具"菜单：包含常用的编辑工具命令。

"窗口"菜单：打开或关闭相应的编辑和管理窗口。

"帮助"菜单：提供 SketchUp 帮助信息。

3. 工具栏

单击"视图"菜单栏下的"工具栏"命令，可以打开"工具栏"对话框。勾选"大工具集"，即可在操作界面中显示该工具栏，如图 6-12 所示。

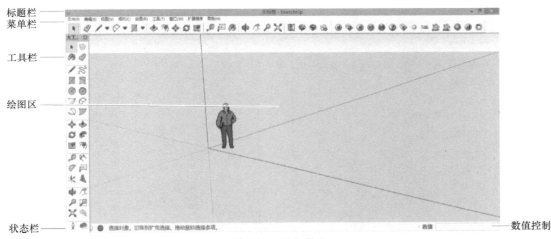

图 6-11 工作界面

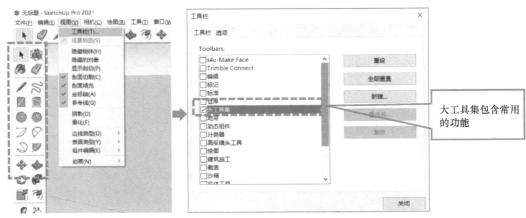

图 6-12 设置工具栏显示

4. 绘图区

绘图区占据了界面最大的区域，在这里可以进行模型创建、编辑和观察。绘图区有坐标轴，如图 6-13 所示。红色轴线为 X 轴，绿色轴线为 Y 轴，蓝色轴线为 Z 轴。实线为坐标正方向，虚线为坐标负方向。绘图一般在正象限。

图 6-13　绘图轴线

5. 数值控制框

绘图区右下方是数值控制框，这里显示绘图的尺寸信息。需要输入数值时直接在键盘上输入即可，不需要单击数值控制框。

6. 状态栏

状态栏位于界面的底部，显示命令提示和状态信息。这些信息会随着当前工具而改变。

三、优化工作界面

1. 设置场景信息

执行"窗口"菜单下拉列表中的"模型信息"命令，打开"模型信息"控制面板，如图 6-14 所示。

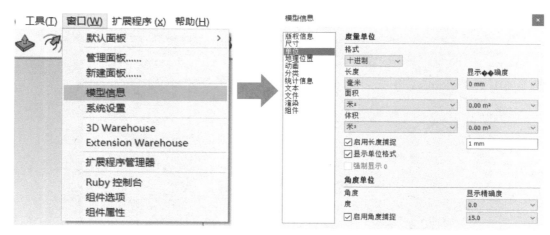

图 6-14　"模型信息"控制面板

"尺寸"：用于改变模型尺寸标注样式，包括字体、引线、尺寸。

"单位"：用于设置文件的绘图单位和角度单位。绘制模型单位为毫米。

"地理位置"：用于设置模型所处的地理位置和太阳方向。SketchUp 的阴影表现就依据此地理位置而确定。

"动画"：用于设置页面切换的过渡时间和场景延时时间。

"分类"：选择一个分类系统添加到模型中。

"统计信息"：用于统计当前场景中各种元素的名称和数量，可以清理未使用的组件、材质和图层等多余元素。

"文本"：设置屏幕文字、引线文字和引线的字体颜色、样式和大小等。

"文件"：包含了当前文件所在位置、使用版本、文件大小和注释。

"渲染"：常用于设置抗锯齿。

"组件"：可以控制相似组件或其他模型的显隐效果。

2. 设置快捷键

SketchUp 为满足不同使用者的习惯，提供了自定义快捷键的方法，可以在"窗口"菜单下拉列表→"系统设置"→"快捷方式"中设置，如图 6-15 所示。

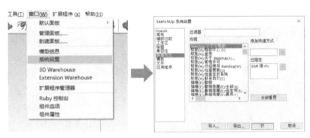

图 6-15 设置快捷键

四、选择风格样式

SketchUp 提供了多种显示风格。单击"窗口"菜单→"默认面板"→"样式",可以打开"样式"控制面板。

1. 选择风格样式

"样式"控制面板中提供了各种风格样式,包括"手绘边线""混合样式""照片建模""直线""预设样式""颜色集",如图 6-16 所示。

图 6-16 不同风格样式

2. 编辑风格样式

需要对风格样式进行编辑时,在"样式"控制面板中单击"编辑"选项卡。"编辑"选项卡中有 5 个不同的立方体代表不同的设置,包括边线设置、面设置、背景设置、水印设置、模型设置,如图 6-17 所示。

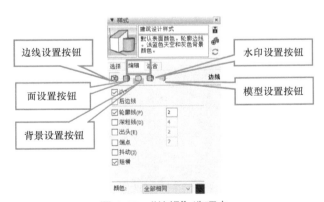

图 6-17 "编辑"选项卡

"边线设置":设置边线的显示与否,边线粗细程度,颜色等内容。

"面设置":包含"显示为线框模式""显示为着色模式""显示为贴图模式""显示为单色模式""以 X-Ray 模式显示"这 5 种表面显示模式,并且可以更改正面和背面的颜色(SketchUp 使用的是双面材质)。

"背景设置":可以修改场景的背景色和地面颜色,可以设置显示地平线。单击"天空"旁的颜色,调出颜色编辑器,可以更改天空颜色。

"水印设置":可以在模型周围放置 2D 图像用来创造背景,或者在带纹理的表面上模拟绘画的效果。单击"+"号添加水印,调取图片为水印。

"模型设置":可以修改模型中的各种属性,如物体的颜色、被锁定物体的颜色等。

五、查看模型

"相机"工具为常用的模型查看工具组,包含"环绕观察""平移""实时缩放""窗口缩放""充满视窗""上一个视图"。

1. 环绕观察 ✛ (快捷键 <O>)

"环绕观察"工具可以使相机绕着模型旋转。激活该工具后,按住鼠标左键不放并拖拽鼠标即可旋转视图,也可按住鼠标滚轮不放并拖拽,进行环绕观察。

2. 平移 ✋ (快捷键 <H>)

"平移"工具可以相对于视图平面水平或垂直移动。按住 <Shift> 键和鼠标滚轮也可以进行平移。

3. 实时缩放 🔍（快捷键 <Z>）

"实时缩放"工具可以动态地放大和缩小当前视图。滑动鼠标滚轮也可以进行缩放。

"实时缩放"工具也可用于调整相机焦距和视野。例如，激活"实时缩放"工具后，输入"45deg"表示设置一个 45° 的视野，输入"50mm"表示设置一个 50mm 的相机镜头，也可以在缩放时按住 <Shift> 键进行动态调整。

4. 窗口缩放 🔍

激活"窗口缩放"，在视图中拖动一个矩形区域可将其放大至全屏显示。

5. 充满视窗 ✖

"充满视窗"工具使整个模型在绘图窗口中居中并全屏显示。

6. 上一个视图 🔍

单击此按钮可以返回到上一个视图。

项目七 园林设计要素模型制作

一、项目描述

1. 运用 SketchUp 基本绘图和编辑命令，完成室外家具模型花池（图 7-1）、椅子（图 7-2）、桌子（图 7-3）的制作。

 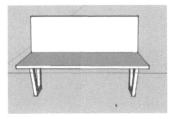 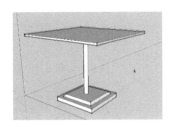

图 7-1　花池　　　　　　　　　　图 7-2　椅子　　　　　　　　　　图 7-3　桌子

2. 运用 SketchUp 群组和组件的命令，完成亭子（图 7-4）、花架（图 7-5）的制作。

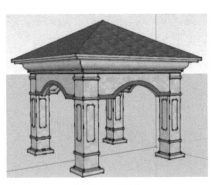 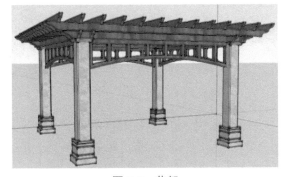

图 7-4　亭子　　　　　　　　　　　　　　　图 7-5　花架

3. 运用 SketchUp "路径跟随" 工具 、沙盒工具中的 "从等高线生成地形" 工具 ，"模型交错" 命令，完成曲面物体花钵（图 7-6）、遮阳伞（图 7-7）、十字形拱券（图 7-8）的制作。

 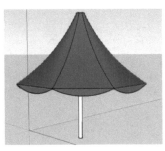 

图 7-6　花钵　　　　　　　　图 7-7　遮阳伞　　　　　　　图 7-8　十字形拱券

4. 运用SketchUp材质填充工具，完成3D绿篱（图7-9）、2D灌木（图7-10）、2D人物（图7-11）的制作。

图7-9 3D绿篱

图7-10 2D灌木

图7-11 2D人物

二、学习目标

1. 掌握 SketchUp 基本绘图命令，例如直线绘制、矩形绘制、圆绘制、弧线绘制等。
2. 掌握 SketchUp 基本编辑命令，例如选择、删除、推拉、偏移、移动、缩放等。
3. 掌握 SketchUp 群组和组件的创建、分解、编辑、隐藏等命令。
4. 掌握复杂模型分解及搭建的思路，能够运用群组和组件的命令组合复杂的模型。
5. 掌握 SketchUp 曲面建模的相关命令，能够制作简单的曲面模型。
6. 掌握 SketchUp 材质贴图的命令，能够对物体进行材质添加及编辑操作。

三、参考学时

8 学时，包括 4 学时讲解与演示、4 学时技能训练。

四、地点及条件

理实一体化机房，完整安装 SketchUp 2021 软件。

五、成果提交

将模型完成后，保存为 SKP 格式，提交至指定文件夹。

任务一 制作基础模型

一、SketchUp 基本绘图与编辑命令操作

SketchUp 大工具集中，工具名称及快捷键如图 7-12 所示。

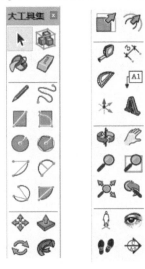

工具名称	快捷键	工具名称	快捷键
选择工具	空格	创建组件	—
材质填充工具	B	删除工具	E
直线工具	L	手绘线工具	—
矩形工具	R	旋转矩形工具	—
圆绘制工具	C	多边形绘制工具	G
圆心两点绘制圆弧	—	两点绘制圆弧	A
三点绘制圆弧	—	扇形工具	—
移动工具	M	推拉工具	P
旋转工具	Q	路径跟随工具	—
缩放工具	S	偏移工具	F
卷尺工具	T	尺寸标注	—
量角尺	—	文字标注	—
坐标轴设置	—	三维文字	—
环绕观察	O	平移	H
实时缩放	鼠标滚轮	窗口缩放	—
充满视窗	—	上一个视图	—
定位相机	—	绕轴环绕	—
漫游	—	剖面	—

图 7-12 工具名称及快捷键

1. 选择与删除工具

（1）选择工具 ▸ 选择工具用于线、面、体的选择，线被选中后呈蓝色高亮状态，如图 7-13 所示。

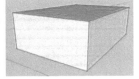

图 7-13 线、面、体被选中后状态

选择物体有点选、窗选、框选、加选和减选等方式。

1）点选。

单击：单击对象，则选中一个面或者一根线。

双击：双击面，将同时选中面和围合的线。

三击：在物体上连续按鼠标左键三次，将同时选中与之相邻的物体的所有面和线。

2）窗选。从左往右拖拽鼠标，选框为实线框，选中完全落在选框中的线、面、体，如图7-14所示。

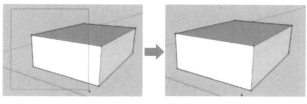

图7-14 窗选

3）框选。从右往左拖拽鼠标，选框为虚线框，选中所碰触到的线、面、体，如图7-15所示。

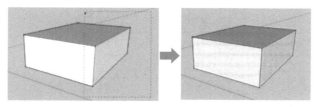

图7-15 框选

4）加选和减选。

加选：增加选择对象，需要按住<Ctrl>键，此时指针下有"+"状态。

减选：减去选择对象，需要同时按住<Ctrl>键和<Shift>键，此时指标下有"–"状态。

加减选：交替加选和减选，需要按住<Shift>键，此时指针下有"±"状态。

全选：选中模型中所有可见物体，可执行"编辑"→"全选"命令，也可以按<Ctrl+A>键。

5）取消选择。如果需要取消当前选择，可以单击绘图窗口任意空白处，也可以执行"编辑"菜单下拉列表→"取消选择"命令。

（2）删除工具 ✐（快捷键<E>） 删除工具通过删除线，从而破坏面和体的构成。<Ctrl>键＋删除工具可柔滑边界线，<Shift>键＋删除工具可隐藏边界线，<Ctrl+Shift>键＋删除工具可取消柔滑边界线。

若需要删除面，需要用选择工具选中面，按<Delete>键进行删除。

2. 基本绘图命令

SketchUp的基本绘图命令包括线✐、徒手画线◌、矩形▤、圆◉、多边形◉、圆弧◟等。

（1）矩形

1）一般矩形▤。一般矩形是通过制定矩形的对角点来完成绘制的。如果需要确定尺寸，可以在确定第一个角点后，通过键盘输入数值，长和宽的数值中间用英文"，"分割，如图7-16所示。

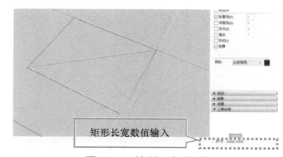

图7-16 绘制一般矩形

> **技巧与提示：**
> 矩形绘制完成后也可以立即输入矩形长宽值，并用逗号分隔。

2）旋转矩形▣。旋转矩形可以在空间中各方向绘制矩形面。首先需要确定矩形长边的方向和长度，再确定宽边的方向和长度，如图7-17所示。

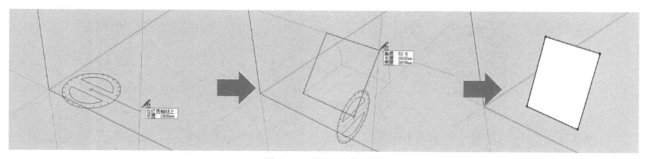

图7-17 绘制旋转矩形

（2）线 　“线”可以用来绘制单段直线、多段连接直线和闭合形体，也可以用来分割表面或修复被删除的表面。若需要精确绘制线长度，可在线第一个点后或者刚绘制完成后输入长度值。绘制直线时，会自动捕捉特征点（如中心点）和坐标轴线（如 *X*、*Y*、*Z* 轴）。3 条以上共面闭合线可以生成一个面，如图 7-18 所示。

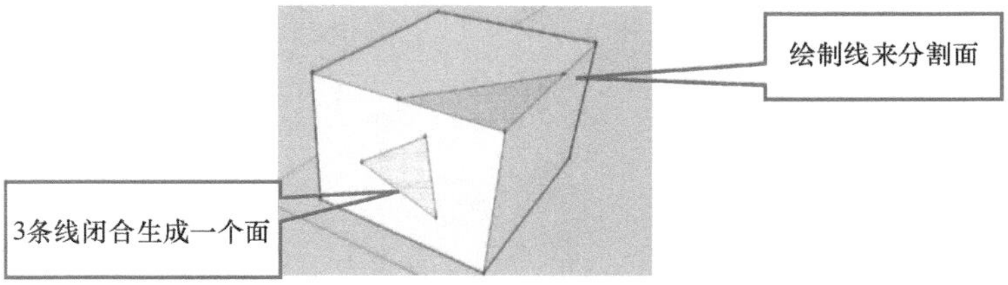

图 7-18　绘制线来分割面

技巧与提示：

SketchUp 面上的分割线如果是粗线样式，表明没有分割成新的面。如果直线成功分割面，直线会变为细线样式。

右击线段，在弹出的菜单中选择“拆分”命令，可以将线段等分如图 7-19 所示。

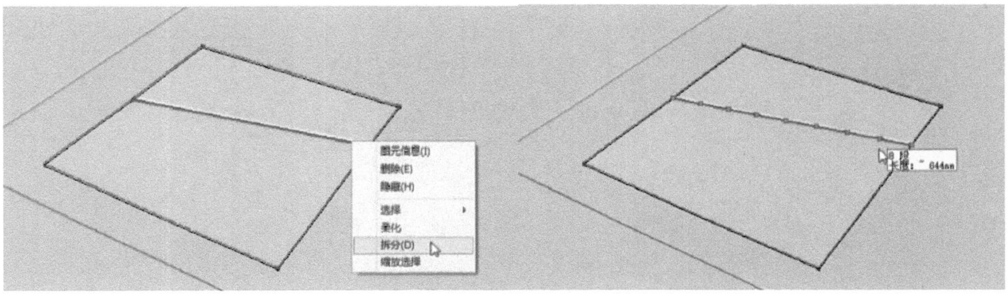

图 7-19　等分线段

（3）圆弧

1）圆心两点绘制圆弧 。在绘制圆弧时，需要先确定圆心的位置，再指定半径大小和第一个端点起点位置，最后确定第二个端点位置。

2）两点绘制圆弧 。在绘制圆弧时，单击确定圆弧的起点，再次单击确定圆弧的终点，然后通过移动指针调整圆弧的凸起距离。

3）三点绘制圆弧 。在绘制圆弧时，单击确定圆弧的起点，再次单击确定圆弧上的一点，最后单击确定圆弧的终点。

4）绘制扇形 。绘制扇形的方式和圆心两点绘制圆弧的方式类似，先确定圆心，再确定两个端点位置，只是最后圆弧和两个半径闭合形成扇形的面。

5）圆弧相切。如果绘制连续圆弧线，当弧线显示为蓝色时，则表示与上一段圆弧相切，如图 7-20 所示。

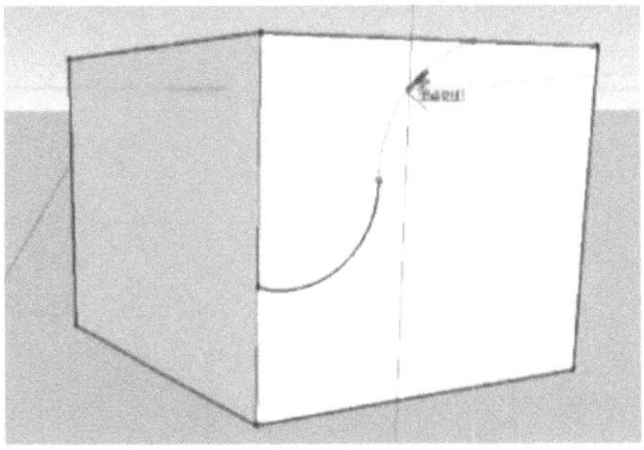

图 7-20　圆弧相切

（4）圆 　绘制圆时，先单击确定圆心位置，移动指针可以调整圆的半径，再次单击完成圆绘制。圆的大小可以在确定圆心后，直接输入半径值来设置，也可以在绘制完成后再输入半径值。

SketchUp 中的圆其实是面数比较多的多边形，可以通过一开始设置边数确定圆的细节，也可以单击“窗口”菜单→“图元信息”命令，打开

"图元信息"对话框，修改圆的参数，如图 7-21 所示。

（5）多边形 多边形工具可以绘制 3 条边以上的正多边形。先输入多边形边数，单击确定多边形外接圆圆心，再次单击确定半径大小（也可以输入半径数值），完成多边形绘制，如图 7-22 所示。

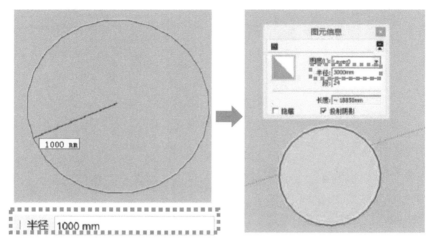

图 7-21 绘制圆及设置属性

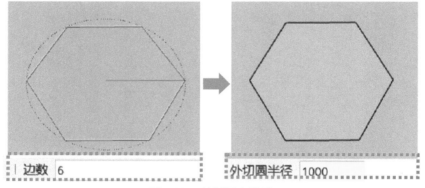

图 7-22 绘制正六边形

技巧与提示：

　　绘制多边形，确定边数成功后，指针会变为相应的多边形样式。

（6）徒手画线工具 徒手画线工具可以绘制不规则的连续线段，如图 7-23 所示。绘制时需要按住鼠标左键不放，进行拖动，即生成自由线条。如果首尾连接闭合，则可以生成面域。

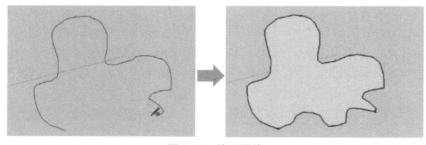

图 7-23 徒手画线

3. 基本编辑命令

SketchUp 中有了面之后，可以通过编辑命令执行推拉成体、旋转成体、移动、缩放、旋转等操作进行三维物体制作。

（1）推拉工具 🔶 　推拉工具是 SketchUp 中主要的生成三维几何体的工具。单击该工具，找到需要推拉的面，进行推拉。可以在推拉时输入数值，确定推拉的距离，然后按 <Enter> 键，如图 7-24 所示。

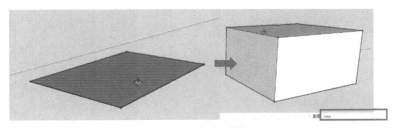

图 7-24　推拉成体

技巧与提示：

1. 如果推拉的高度和上一次一样，可以直接双击。

2. 推拉时，按下 <Ctrl> 键，会在推拉工具下出现"+"号，表明增加一层。

3. 如果需要将物体推拉到和旁边物体一样的高度，可以在推拉时将推拉工具移动到旁边物体的面上。

4. 推拉工具反向推拉，还可以用来创建内部凹陷或挖空的模型。

（2）移动工具 🔶 　移动工具提供线、面、体的移动。通过辅助键，它还可以实现复制、线性阵列功能。

1）线的移动。选中需要移动的线，使用移动工具移动。通过这种方式可以制作简单坡屋顶建筑，如图 7-25 所示。

2）面的移动。通过移动工具，可以在任意方向移动物体平面，生成异形物体，如图 7-26 所示。

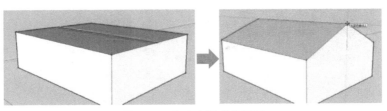

图 7-25　移动中线成坡屋顶

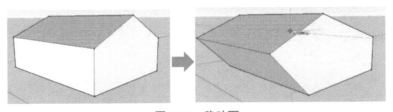

图 7-26　移动面

3）体的移动。选中体，单击移动工具，进行移动。在体移动过程中需要学会捕捉基点，沿着轴线或者指定方向移动。

（3）缩放工具 🔳 　缩放工具可以对面和体进行缩放。通过夹点位置调整，可进行面、体的大小调节。被选中夹点呈红色。

1）面缩放。面缩放是做台体的方式，如图7-27所示。如果要将中心点作为缩放的基点，需要按住<Ctrl>键不放。

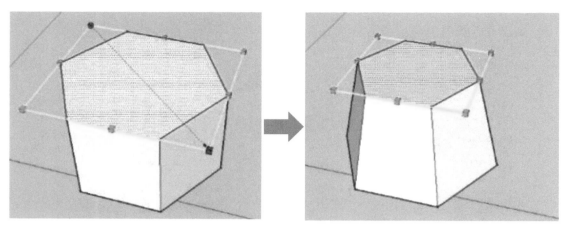

图 7-27　面缩放成台体

2）体缩放。体缩放时，会在体周围生成夹点控制框，可以进行对角线大小等比例缩放；可以确定控制高度夹点，调整体高度；可以确定体宽度夹点，调整体宽度，如图7-28所示。

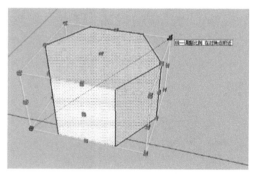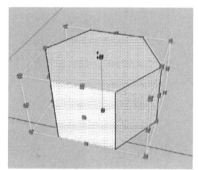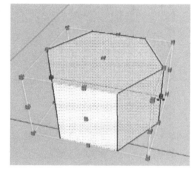

图 7-28　对角、高度、宽度的缩放

技巧与提示：

在使用缩放工具时，先选中需要缩放的体，再激活缩放工具进行缩放。如果先激活缩放工具，则只能在一个元素上进行缩放。

可以输入缩放比例数值，按<Enter>键确定完成缩放。缩放数值可以为正数也可以为负数。

3）镜像。调用缩放命令，在缩放过程中，缩放比例设置为"−1"，则生成镜像效果，如图7-29所示。

缩放值为"−1"，可对物体镜像

图 7-29　缩放比例为"−1"则为镜像效果

（4）偏移工具 ✍ 偏移工具主要针对线进行复制。通过偏移工具，生成与原线指定距离的线，可以对面进行分割。

> **技巧与提示：**
>
> 　　使用偏移工具时，一次只能偏移一组线。双击偏移对象，则偏移尺寸同上一次。
>
> 　　偏移时可输入偏移距离值，也可在完成后立即输入数值，按 <Enter> 键完成精确偏移。

二、制作花池

1. 花池在园林中的应用

花池是养花和栽树用的围栏区域，池内填种植土，设排水孔，其高度一般不超过 600mm。花池可以与座椅相结合，放置在休闲广场上，如图 7-30 所示。

图 7-30 景观花池

2. 制作花池模型

01 先在平面用矩形工具绘制一个正方形，尺寸设置为"3000mm，3000 mm"。用推拉工具选择矩形平面，推拉出花池的高度 500 mm，如图 7-31 所示。

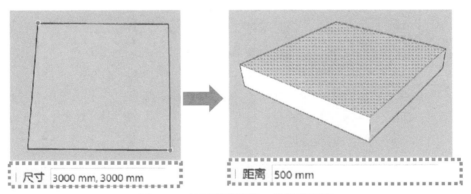

图 7-31 绘制基础矩形，推拉出高度

02 用选择工具，选择立方体顶面，用缩放工具指定对角点，按住 <Ctrl> 键，以中心为基点进行缩放，如图 7-32 所示。

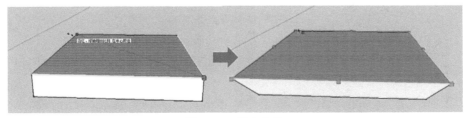

图 7-32 做出台体

03 用偏移工具，偏移出 200mm 的闭合边界线，边界线会自动生成面。用推拉工具向下推拉 100mm，做出花池的边缘，如图 7-33 所示。

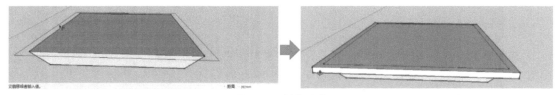

图 7-33 制作边缘

04 用偏移工具向内偏移 500mm，生成闭合的线框。将偏移生成的面向上推拉 500mm 高，生成花池，如图 7-34 所示。

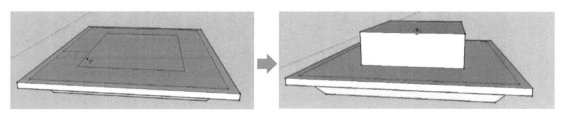

图 7-34 制作种植花池

05 选中花池上表面，用缩放工具，按住 <Ctrl> 键，以中心为基点缩放生成台体，如图 7-35 所示。用偏移工具偏移 100mm，生出边界线。用推拉工具向下推拉生成花池，如图 7-36 所示。

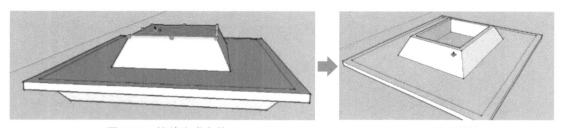

图 7-35 缩放生成台体　　　　　　　图 7-36 生成花池

06 填充材质和植物，完成花池的制作，如图 7-37 所示。

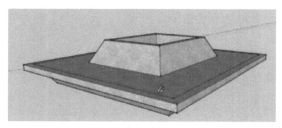

图 7-37 完成花池的制作

三、制作椅子

1. 园林椅子

园林椅子一般设置在风景优美的景色旁边，在山腰水际、林间花畔，或是设置在广场道路旁边，以不影响交通为宜，供人们小憩。园林椅子形式多样，也常常为园林一景，如图 7-38 所示。

图 7-38　园林椅子

2. 制作椅子模型

01 绘制长 1200mm、宽 500mm 的矩形面。用推拉工具推拉出 30mm，如图 7-39 所示。

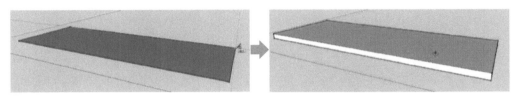

图 7-39　绘制矩形面，推拉出厚度

02 用直线工具沿着轴线绘制椅背。用推拉工具将椅背推拉到 500mm 高度，如图 7-40 所示。

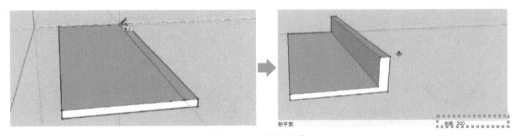

图 7-40　制作椅背

03 用移动用具将椅背的顶面沿着轴线进行移动，生成倾斜的椅背，如图 7-41 所示。

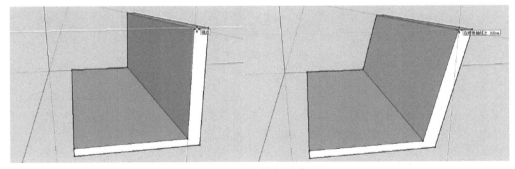

图 7-41　拉斜椅背

04 在椅子底面端头，分别绘制两个长 400mm、宽 50mm 的矩形。用推拉工具将椅子的脚推拉出来，并用缩放工具将椅脚沿着两侧点（非对角线）缩放成台体，如图 7-42 所示。

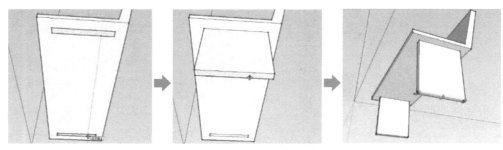

图 7-42 绘制椅脚

05 用偏移工具将脚的侧面进行偏移，用推拉工具推拉至镂空，如图 7-43 所示。

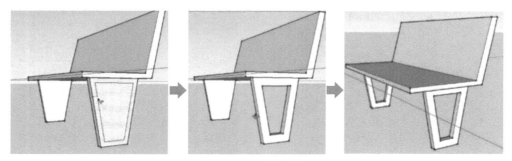

图 7-43 镂空椅脚

四、制作桌子

1. 园林桌子

作为园林室外家具，园林桌子和园林椅子配套使用，常常设置在小休闲广场旁或庭院小空间，提供休闲场所，如图 7-44 所示。

图 7-44 园林桌子

2. 制作桌子模型

01 绘制一个 600mm×600mm 的正方形，用推拉工具推拉出 30mm 高度。用偏移工具偏移 50mm，用推拉工具推拉至 30mm 高，用缩放工具将顶面缩放为原图的 80%，生成桌子的基座，如图 7-45 所示。

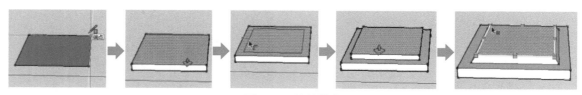

图 7-45 绘制基座

02 在基座上绘制一个圆形，用推拉工具推拉 600mm，生成桌子的支柱。单击推拉工具，按住 <Ctrl> 键，推拉工具旁会有一个"+"，将底座的面推拉到和支柱一样的高度。用橡皮擦工具删除新推拉出的物体侧边，只保留顶面的正方形，作为桌子台面基础，如图 7-46 所示。

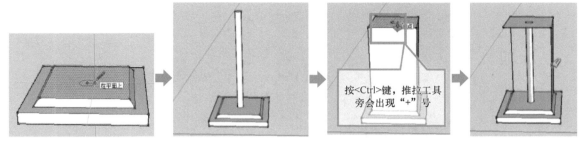

图 7-46 绘制柱子

03 用推拉工具将桌子台面基础推拉 20mm，按 <Ctrl> 键推拉中间圆柱至同样高度，注意捕捉相邻表面（可以双击，自动推拉到一样高度）。用缩放工具缩放表面生成台体，如图 7-47 所示。

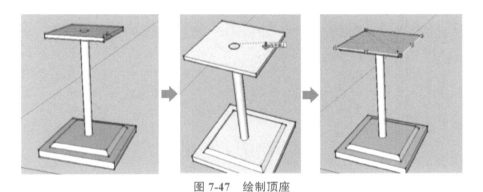

图 7-47 绘制顶座

04 用偏移工具在台面上向外偏移 300mm，用推拉工具推拉至 30mm 高，如图 7-48 所示。

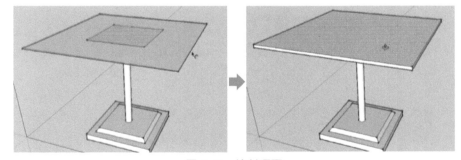

图 7-48 绘制顶面

任务二 制作组合模型

一、群组和组件

1. 群组和组件的概念和特点

（1）概念 在 SketchUp 中，复杂模型是由不同构件组合在一起的。例如一个简单的花架由柱子、梁和檩条组成，如图 7-49 所示。为了进行各个构件的单独管理，将构件围合的线和面建立为群组和组件。

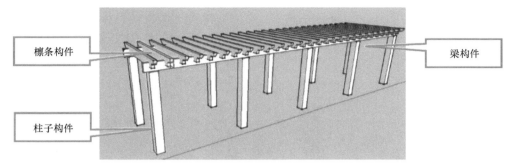

图 7-49　花架的组成

（2）特点　群组和组件在被选中时是一个整体，没有建立群组和组件的物体在被选中时是单独的面或者线。

群组和组件的物体交错后不会相互干扰。没有建立群组和组件的物体交错共面或共线后会相互干扰。

群组和组件在材质填充时，可以在外部一起被填充。没有建立群组和组件的物体，只能一个面一个面地进行材质填充。

2. 群组和组件的建立方法

（1）群组的建立　选中物体，点击鼠标右键，

在弹出的菜单中选择"创建群组"命令，如图 7-50 所示。

（2）组件的建立　选中物体，点击鼠标右键，在弹出的菜单中选择"创建组件"命令（见图 7-51），弹出"创建组件"对话框（见图 7-52）。在该对话框中填写组件名称，设置组件属性，单击"创建"按钮进行创建。

3. 群组和组件的分解

选中群组和组件的物体，点击鼠标右键，在弹出的菜单中选择"炸开模型"命令，可将群组和组件分解成线和面，如图 7-53 所示。

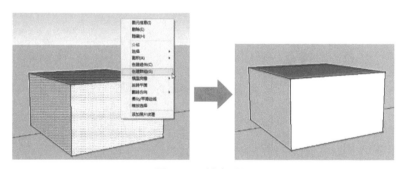

图 7-50　创建群组

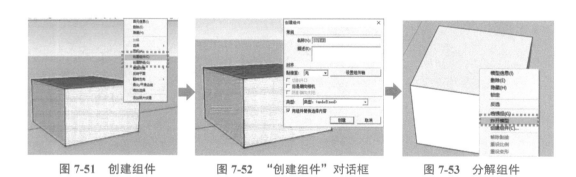

图 7-51　创建组件　　　　图 7-52　"创建组件"对话框　　　　图 7-53　分解组件

4. 群组和组件的编辑

（1）整体编辑　群组和组件是一个整体，在组外部，可以整体进行复制、移动、缩放。整体缩放和整体移动如图 7-54 所示。

（2）内部编辑　对群组或组件进行推拉、变形操作，需要进入群组或组件内部。双击群组或组件进入内部，周围有虚线框将物体包围，虚线框外是灰度虚化，如图 7-55 所示。完成编辑后，

单击虚线框外空白处，退出内部编辑。

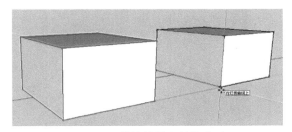

图 7-54　整体缩放和整体移动

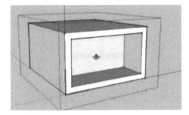

图 7-55　在群组或组件内部进行编辑

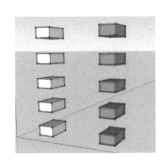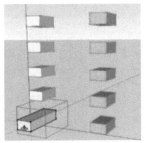

图 7-56　编辑区别

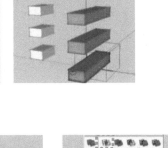

图 7-57　调用实体工具选项　　　　图 7-58　实体相交

5. 群组和组件的区别

（1）编辑区别　群组是线和面的一个整体；组件是一个实体的物体。每个群组都是单独不相关的物体；相同的组件彼此之间有相关性。如图 7-56 所示，左侧白色物体为群组，右侧红色物体为组件。如果对其中一个群组物体进行编辑，则其余的群组都不会发生变化。如果对其中一个组件进行编辑，则其余的组件都会一起发生变化。

（2）实体工具区别　SketchUp 提供实体编辑工具，只能针对组件物体进行操作。单击"视图"菜单，选择"工具栏"命令，在弹出的"工具栏"对话框中勾选"实体工具"，如图 7-57 所示。实体工具可以对相交的组件进行布尔运算，求出交集、差集、并集等。如图 7-58 所示，为实体交集运算结果。

二、阵列和参考线

1. 复制和线性阵列

（1）复制　在"移动"命令的基础上，按下 <Ctrl> 键，"移动"命令图标下出现"+"号，即可复制物体，如图 7-59 所示。

（2）线性阵列　直线复制一个物体后，立刻在输入框中输入需要阵列的数字，以"x"或"*"结尾，按 <Enter> 键后即可以第一次复制的距离为间距，线性阵列出多个物体，如图 7-60 所示。

若直线复制一个物体后，立刻在输入框中输入需要阵列的数字，以"/"结尾，则以第一次复制的距离为总数进行等分，线性阵列生成多个物体。

2. 环形阵列

（1）旋转工具　SketchUp 中的旋转是一个三维空间，围绕 Z 轴旋转，旋转盘为蓝色；围绕 Y 轴旋转，旋转盘为绿色；围绕 X 轴旋转，旋转盘为红色；围绕任意方向线进行旋转，旋转盘为黑色，如图 7-61 所示。使用旋转工具时，先单击围绕旋转的点，再单击旋转原方向，最后指定新方向线。

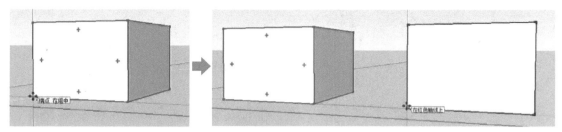

图 7-59　复制物体

技巧与提示：
　　复制时，可以在输入框中输入复制物体移动的距离；也可以在完成复制后，立刻输入移动的距离。

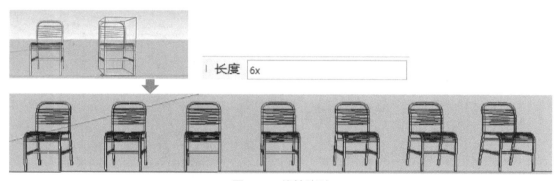

图 7-60　线性阵列

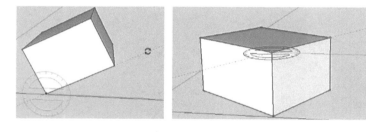

图 7-61　不同方向旋转

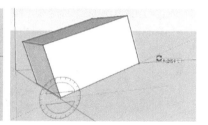

　　若旋转工具对一个面进行旋转，则可以生成扭曲效果，如图 7-62 所示。

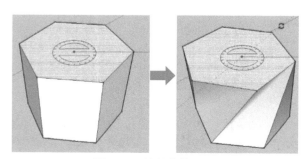

图 7-62　旋转物体平面

技巧与提示：
　　旋转工具需要与量角器区分，两者表现都是转盘角度，前者是对物体旋转，后者是绘制角度辅助线。

　　（2）旋转复制　旋转复制是在旋转的基础上按下 <Ctrl> 键，旋转图标下出现"+"号。在旋转的过程中，会复制出一个同样的物体，如图 7-63 所示。

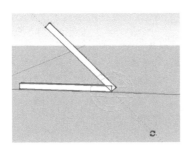

图 7-63　旋转复制

（3）旋转阵列　旋转阵列是在旋转复制后，立即输入旋转阵列个数，以"X"或"*"结尾，按 <Enter> 键后，以复制角度生成多个物体，如图 7-64 所示。如果输入阵列个数以"/"结束，则在复制角度里进行定数等分，生成多个物体。

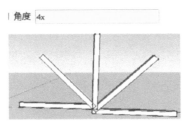

图 7-64　旋转阵列

3. 参考线

参考线是在绘图中帮助找到需要的角度、距离等的线，在 SketchUp 中为虚线形式。确定距离参考线的工具是卷尺，确定角度参考线的工具是量角器。

（1）卷尺工具 　快捷键为 <T>。卷尺工具可以量取距离长度。如果按下 <Ctrl> 键，在卷尺工具图标下出现"+"号，确定起点后，输入距离值，则可以绘制出参考线，如图 7-65 所示。

卷尺工具可以整体缩放模型。用卷尺量取模型的某一段尺寸，立即输入新的尺寸，会出现如

图 7-66 所示的对话框，模型大小会按照新的线段尺寸重新生成。

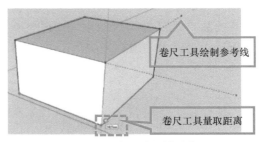

图 7-65　卷尺绘制辅助线

图 7-66　调整模型比例

（2）量角器工具 　量角器工具能量取角度和生成角度参考线。

（3）参考线的开闭和删除　参考线的开闭：单击"视图"下拉菜单，勾选"参考线"则参考线可见，取消勾选"参考线"则参考线隐藏。

参考线的删除：可以用橡皮擦工具删除，或者将参考线选中，按 <Delete> 键删除。

三、制作花架

花架是园林景观中常见的小品建筑。花架外观轻盈，上有攀缘植物，通常布置在道路、广场旁，供遮阴、休息用。花架由柱子、梁和檩条等构件搭接而成，如图 7-67 所示。

图 7-67　景观花架

1. 制作柱子

01 绘制 4000mm×4000mm 的正方形作为花架基底，如图 7-68 所示。绘制 400mm×400mm 的正方形作为柱子的面，双击此面，点击鼠标右

键，选择"创建群组"命令，如图 7-69 所示。

02 绘制柱子基础。单击进入上一步创建的群组中，用推拉工具推出 100mm 高度，用偏移工具向内偏移 25mm，再推拉出 50mm 高度。使用

同样的方法堆叠立方体，如图 7-70 所示。

03 绘制柱身。柱身需要有角线装饰。在柱基面上向内偏移 25mm，在正方形四角绘制半径为 10mm 的圆，如图 7-71 所示。用橡皮擦擦去多余的线条，生成倒角的矩形，如图 7-72 所示。用推拉工具推拉 2500mm 高度，生成柱身，如

图 7-73 所示。

04 绘制柱顶。用偏移工具从柱身上向外偏移 50mm，如图 7-74 所示。将倒角补齐，推拉出 25mm 高度，如图 7-75 所示。用缩放工具将柱顶面放大，如图 7-76 所示。可以多做 2 层线条。完成后退出群组编辑。

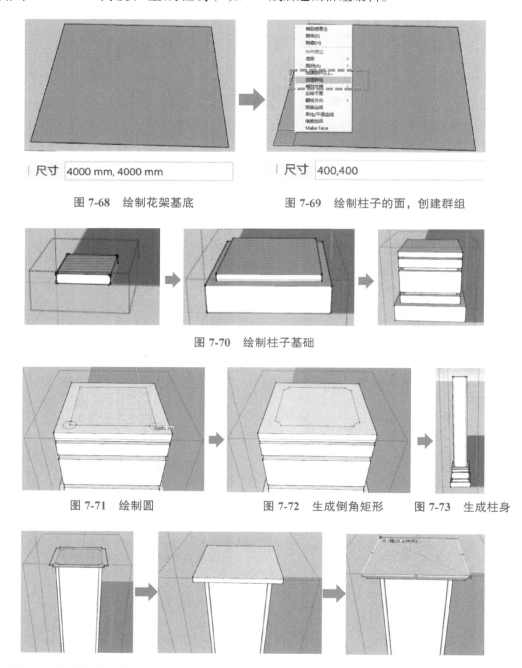

图 7-68　绘制花架基底　　　图 7-69　绘制柱子的面，创建群组

图 7-70　绘制柱子基础

图 7-71　绘制圆　　　图 7-72　生成倒角矩形　　　图 7-73　生成柱身

图 7-74　从柱身向外偏移　图 7-75　将倒角补齐并推拉柱身　　图 7-76　放大柱顶面

05 复制阵列柱子。选中柱子组，用旋转工具指定底面中心点为旋转基点，按下 <Ctrl> 键，单击原方向点，输入 90°，生成一个新的柱子，如图 7-77 所示。复制完成后，立即输入"3X"，效

果如图 7-78 所示。

2. 制作梁

01 在花架底部，绘制与底平面垂直的矩形。双击矩形面，点击鼠标右键，选择"创建群组"，

如图 7-79 所示。将群组移动到花架的顶部,如图 7-80 所示。进入群组内部,用"推拉"命令推

拉出厚度,并将几何体往左右两侧推拉出一定宽度,如图 7-81 所示。

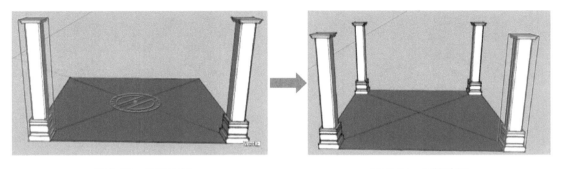

图 7-77　旋转复制　　　　　　　　　　图 7-78　旋转阵列

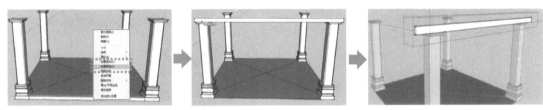

图 7-79　创建群组　　　　图 7-80　移动群组　　　　图 7-81　推拉几何体

02 在群组或组件内,在立面上绘制出圆弧段,如图 7-82 所示。用推拉工具将其多余圆弧段推空,如图 7-83 所示。梁的两端都需要做出这样的弧线造型,如图 7-84 所示。

03 单击选中梁的组件,复制一个到旁边,

如图 7-85 所示。将双梁一起选中,选用旋转工具,按下 <Ctrl> 键,单击底面矩形中心为旋转基点,旋转复制 90°,生成新的双梁。立即输入"3X",旋转阵列生成四面的梁,如图 7-86 所示。

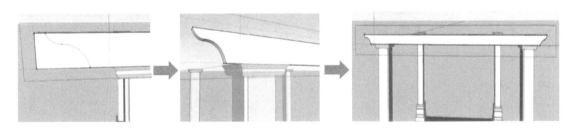

图 7-82　绘制圆弧段　　　图 7-83　推空多余圆弧段　　　图 7-84　做弧线造型

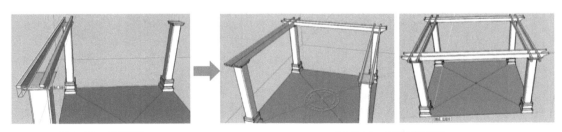

图 7-85　复制梁　　　　　　　　　　图 7-86　旋转阵列梁

3. 制作檩条

01 生成檩条。选择一根梁,用复制移动命令向上复制一根作为檩条,放到梁上,用缩放工具将复制上去的檩条进行拉长变形,如图 7-87 所

示。用线性阵列的命令,将檩条复制阵列多个,如图 7-88 所示。

02 用同样的方法复制一根梁到顶部,生成檩条。用阵列生成多个檩条,如图 7-89 所示。

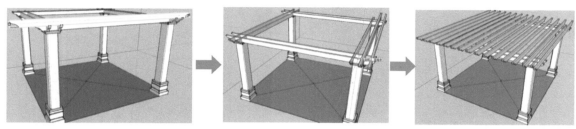

图 7-87　制作檩条　　　　　　　　　　　图 7-88　复制阵列檩条

图 7-89　制作第二层檩条

4. 制作悬挂

01 在花架柱子间绘制一个矩形面，创建为群组，如图 7-90 所示。

02 进入群组内，在面上用直线、圆弧和偏移命令绘制出悬挂的样式，如图 7-91 所示。

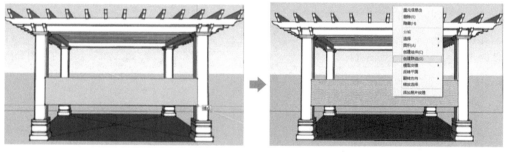

图 7-90　创建群组

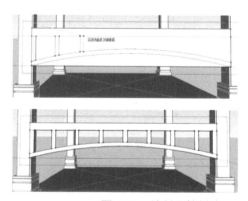

图 7-91　绘制悬挂样式

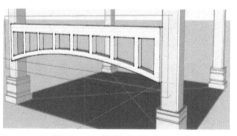

图 7-92　推拉出厚度

03 用推拉工具推拉出一定厚度，如图 7-92 所示。退出群组或组件编辑。选中悬挂，用移动工具移动到花架梁下，如图 7-93 所示。

04 对悬挂进行旋转复制后，输入 "3X"，进行旋转阵列。完成后如图 7-94 所示。

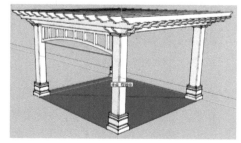

图 7-93　将悬挂移动到花架梁下

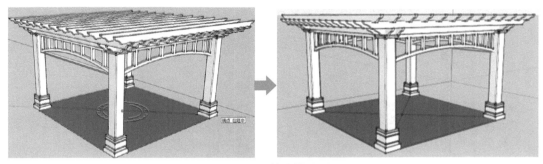

图 7-94 悬挂旋转阵列

05 添加材质，完成花架制作，如图 7-95 所示。

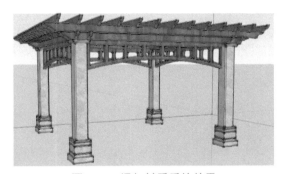

图 7-95 添加材质后的效果

四、制作亭子

亭子是园林小品建筑。"亭"即为"停"，是提供给游人休息停留及遮阴避雨的场所，可布置在水边、山上、广场道路旁。亭子的样式有多种，如中式的飞檐翘角亭子、欧式的圆顶亭子。亭子底面有四边形、正六边形、扇形等。如图 7-96 所示，亭子由顶、柱子和附件等构件搭接而成。

1. 制作顶

01 绘制一个 4000mm×4000mm 的矩形，作为底平面，绘制出矩形的对角线。将矩形平面沿着 Z 轴复制一个，高度距离为 4000mm，如图 7-97 所示。将顶平面创建为群组，在组内编辑，推拉 1000mm 高，如图 7-98 所示。用缩放工具，选中顶面，按 <Ctrl> 键，以中心点进行缩放，做成锥体，再将顶整体放大 1.3 倍，如图 7-99 所示。

图 7-96 景观亭子

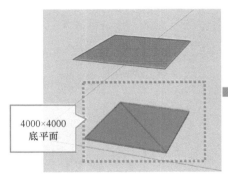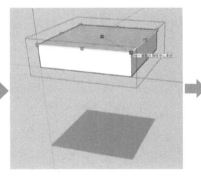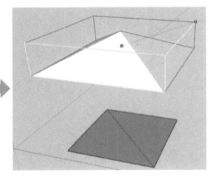

图 7-97 生成平面并复制　　图 7-98 组内编辑　　图 7-99 整体放大

02 制作顶部线条。用推拉工具向下推拉出 100mm 厚度。用偏移工具向内偏移 100mm 距离，再用推拉工具向下推拉出 100mm 厚度。多偏移和推拉几次，做出线条，如图 7-100 所示。

2. 制作柱子

01 在底面绘制 500mm×500mm 的正方形，创建为群组。进入群组内部，用推拉工具推拉 300mm 高度。用偏移工具向内偏移 50mm。多推拉和偏移几次，绘制柱子基座，如图 7-101 所示。

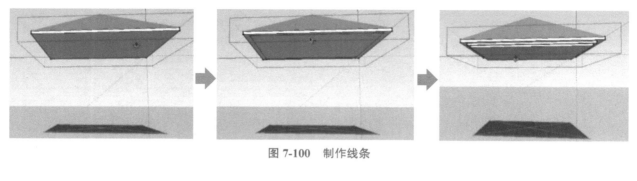

图 7-100 制作线条

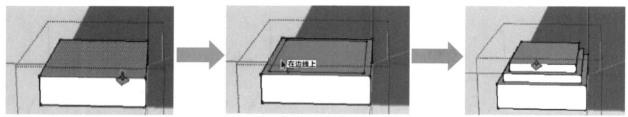

图 7-101 绘制柱子基座

02 绘制柱身。柱身上有一些线条，需要重复用偏移和推拉工具处理。往外偏移出线条宽度，再推拉出线条高度，如图 7-102 所示。完成后，退出群组编辑。

03 选中柱子群组，用旋转工具，以底平面中心为旋转基点，旋转复制 90°，阵列输入"3X"生成四角的柱子，如图 7-103 所示。

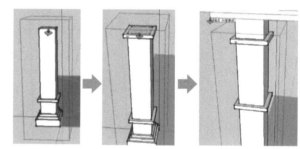

图 7-102 绘制柱身线条

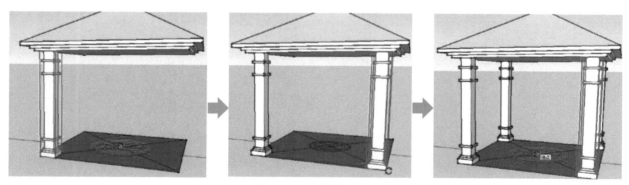

图 7-103 旋转阵列柱子

3. 制作附件

01 立面上绘制一个矩形，创建为群组，如图 7-104 所示。

02 进入群组内部，在底部绘制一个圆弧段，擦除多余线条，如图 7-105 所示。用偏移工具偏移 50mm，生成一个边缘框，如图 7-106 所示。用推拉工具将中间面推出 50mm 厚度，边框推出 60mm 厚度，如图 7-107 所示。单击虚线框外，退出群组编辑。

03 选中悬挂构件，用移动工具将其移动至顶下部。用旋转工具，以底平面中心为基点，旋转复制 90°，再输入"3X"，旋转阵列出四个方向的悬挂构件，如图 7-108 所示。

04 绘制一个 400mm×400mm 的正方形，创建组件。进入组件内部，用推拉工具，推拉出 500mm 的高度，如图 7-109 所示，退出组件编辑。用移动工具将此立方体移动到亭子顶部，生成亭子的宝顶，如图 7-110 所示。完成建立后为亭子添加材质，如图 7-111 所示。

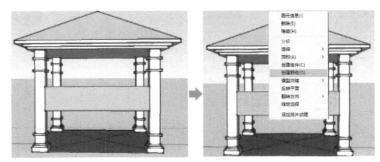

图 7-104　绘制悬挂平面

图 7-105　绘制一个圆弧段　　　图 7-106　生成边缘框　　　图 7-107　推拉中间面和边框

图 7-108　旋转阵列悬挂构件

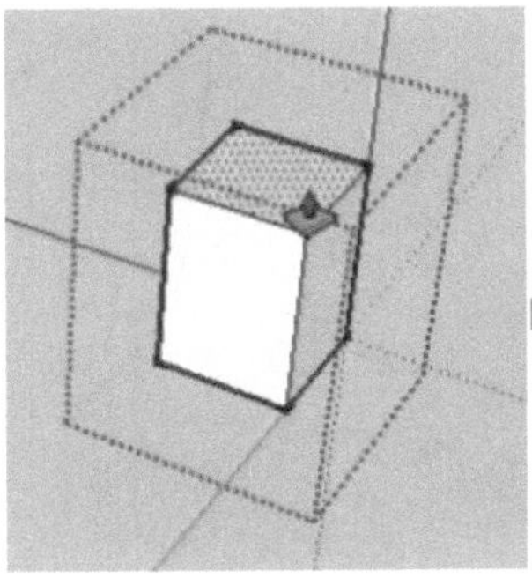

图 7-109　推拉组件 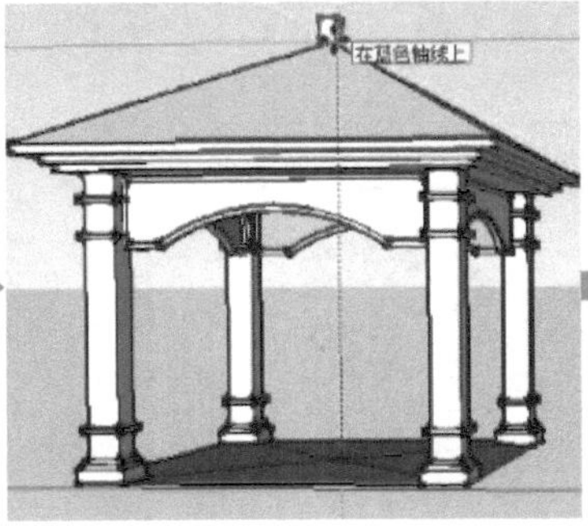　　　图 7-110　生成亭子宝顶 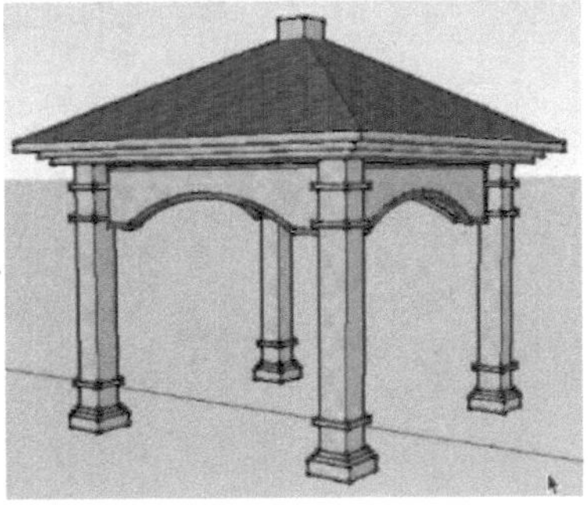　　　图 7-111　添加材质

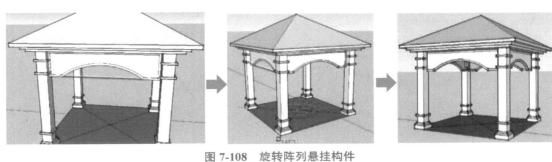

任务三　制作曲面模型

一、制作花钵

1. 路径跟随工具

路径跟随工具是 SketchUp 自带的生成旋转物体或沿着路径放样的命令。使用该工具，必须要有路径和剖面两个要素。

（1）生成旋转体　在制作旋转体时，首先要分析生成物体的剖面样式和跟随旋转的路径样式。如图 7-112 所示，球体的剖面和路径是两个空间中垂直的圆。如图 7-113 所示，水池的剖面是有多个线条凸起的面，路径是一个矩形框。

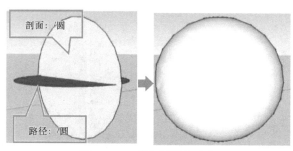

图 7-112　球体剖面和路径

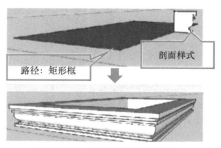

图 7-113　水池剖面和路径

有两种方法进行旋转。

方法一：先选中路径，再单击"路径跟随"工具 ，最后单击剖面，完成旋转。

方法二：先单击"路径跟随"工具 ，选择剖面，再选择路径，路径变为红色便于捕捉，跟着路径走一圈，完成旋转。

方法二在捕捉路径时有时会出错，所以通常使用方法一。

（2）放样　让剖面沿着空间中曲线路径进行推动形成几何体的方式，叫作放样。例如制作中式古亭屋脊，用路径跟随工具让屋脊剖面沿着屋脊线移动，生成放样，如图 7-114 所示。

2. 创建花钵模型

在园林绿地中经常会设置大型的花盆与花钵来栽植一些草本花卉。这些花钵造型优美，被当作装饰性的雕塑放在入口处或道路转角处，如图 7-115 所示。

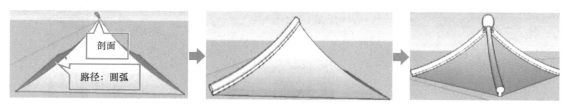

图 7-114　屋脊放样

图 7-115　景观水池及花钵

（1）绘制路径

01 用正多边形工具 绘制一个正六边形，先输入边数"6"，再输入外切圆半径为 300mm，如图 7-116 所示。

02 用圆弧工具 ，沿着多边形的边缘绘制一条圆弧。将圆弧旋转复制 60°，接着输入"5X"，阵列生成 5 个圆弧段。擦除多余线条，只留下路径轮廓线，如图 7-117 所示。

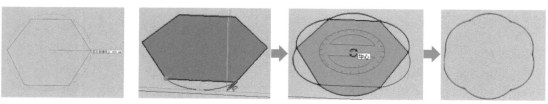

图 7-116　绘制正多边形　　　　图 7-117　绘制路径轮廓线

（2）绘制剖面

01 绘制辅助面。在路径平面中绘制对角线，找到路径面的中心点。以中心点为起点，沿着对角线的垂直方向绘制一个长为1000mm、宽为600mm的立面矩形、如图7-118所示。在矩形

面上用圆弧工具绘制圆弧形状，如图7-119所示。用偏移工具向内偏移出60mm的线条，用直线或圆弧工具连接为闭合面，如图7-120所示。

02 用橡皮擦工具擦除多余线条，生成需要旋转的剖面样式，如图7-121所示。

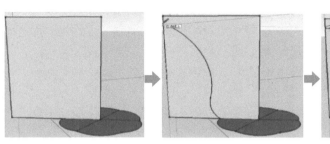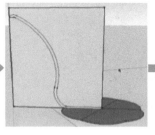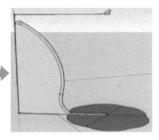

图7-118　绘制立面矩形　　图7-119　绘制圆弧形状　　图7-120　连接为闭合面　　图7-121　生成剖面样式

技巧与提示：
　　SketchUp不容易绘制空间中的线条，通过辅助平面找寻线条是非常有必要的。

（3）生成花钵

双击底面，选中路径线条。单击"路径跟随"工具 ，再单击剖面，生成花钵，如图7-122所示。

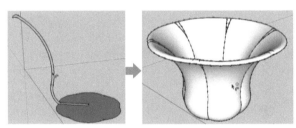

图7-122　生成花钵

（4）制作花钵基座

01 制作基座的路径和剖面。绘制一个圆，即为旋转体的路径。以圆心为基点，沿着半径绘制一个与圆垂直的立面矩形。在矩形面上，用直线和圆弧完成花钵基座剖面样式的绘制，用橡皮擦擦除多余的线条，如图7-123所示。

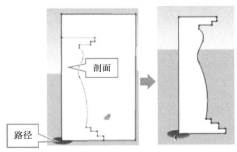

图7-123　绘制剖面和路径

02 用选择工具双击底面，选中路径。单击"路径跟随"工具 ，再单击剖面，生成基座，如图7-124所示。

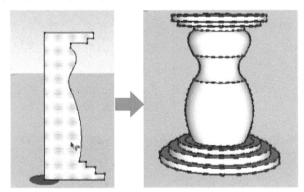

图7-124　生成基座

（5）组合花钵，填充材质

01 将花钵和基座分别创建为群组。用缩放工具 调整两个群组的大小高低。用移动工具将花钵和基座放置在一起，如图7-125所示。

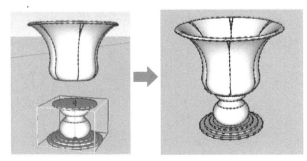

图7-125　组合花钵和基座

02 用油漆桶工具 为花钵添加材质和植物素材，如图7-126所示。

图 7-126　添加材质和植物素材

二、制作遮阳伞

园林中，道路广场旁有时会设置供人遮阴避暑的张拉膜和遮阳伞，它们表面为张拉曲面，如图 7-127 所示。在 SketchUp 中，绘制这样的曲面需要先建立骨架线条，再通过地形沙箱工具中等高线生成地形的方法，生成张拉曲面。

1. 地形制作工具

SketchUp 可以利用沙箱工具制作表面起伏、视觉丰富的地形景观。调用沙箱工具：单击"视图"菜单→"工具栏"→"沙箱"复选框，如图 7-128 所示。

使用沙箱工具创建地形的方法有两种，即"从等高线创建地形" 和"从网格创建地形" 。地形编辑工具有："曲面起伏" 、"曲面平整" 、"曲面投射" 、"添加细节" 、"对调角线" 。

（1）从等高线创建地形　使用该方法，首先需要有等高线。等高线可以从 CAD 中导入，也可以在 SketchUp 中用自由线条工具 绘制，如图 7-129 所示。用移动工具将各等高线之间沿着 Z 轴移动出空间高度，如图 7-130 所示。单击"从等高线创建地形"按钮 ，即可生成地形曲面，如图 7-131 所示。

图 7-127　景观张拉曲面

图 7-128　调用沙箱工具

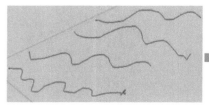

图 7-129　绘制等高线

图 7-130　将等高线之间移出空间高度

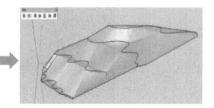

图 7-131　生成地形曲面

（2）从网格创建地形

1）创建网格。单击"从网格创建地形"按钮 ，直接输入栅格间距，沿着 X 轴绘制出栅格一边线，再沿着 Y 轴拉出栅格网，如图 7-132 所示。

栅格网面生成后自动为一个组，需要单击进入组内部进行编辑。

2）创建地形。用"曲面起伏""添加细节"和"对调角线"工具为网格添加地形样式。

图 7-132 绘制网格

"曲面起伏" ：单击进入栅格内部。单击"曲面起伏"按钮 ，指针出现红色的圆圈，代表地形创建范围，直接输入数值控制范围大小。单击栅格表面，出现黄色的控制点，沿着 Y 轴拉出凸地和凹地，制作山体和山谷，如图 7-133 所示。

"添加细节" ：此工具可以为栅格网的每个面添加控制点，进行向上拉升或向下凹陷。

"对调角线" ：此工具可以通过调整栅格网面对角线的方向，进而调整栅格网面的朝向。

（3）山地建房子 此工具可以将地形表面根据房屋基地进行平整。使用方法：将房子移动到山地曲面上，将房子和山地曲面的群组分解。用选择工具先选中房子，单击"曲面平整"按钮，再单击山地曲面，软件会根据建筑基地面生成山地堡坎，如图 7-134 所示。用移动工具将建筑放置在堡坎上。

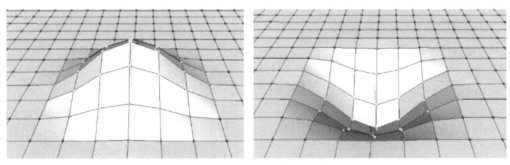

图 7-133 制作凸地和凹地

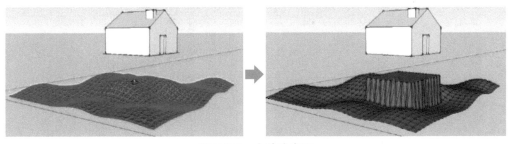

图 7-134 山地建房子

（4）山地建路 在山地曲面上，不能用直线工具分割曲面，但是可以用曲面投射 的方法，在曲面上投射线条，分割曲面。利用此方法，可以在山地创建蜿蜒曲折的园林道路。

使用方法：在山地曲面上方绘制一个矩形面，在面上绘制出蜿蜒曲折的园路。保留原路线条，删除多余线条，并将道路和山地曲面的群组都分解，如图 7-135 所示。

选中道路，单击"曲面投射"按钮 ，再单击山地曲面，道路的线条就投射到曲面上，分割曲面，如图 7-136 所示。为道路添加材质，如图 7-137 所示。

2. 创建遮阳伞模型

01 绘制伞基底。用正多边形工具绘制外切圆半径为 1000mm 的正八边形，如图 7-138 所示。用直线工具绘制对角线，找出正八边形的中心点，如图 7-139 所示。

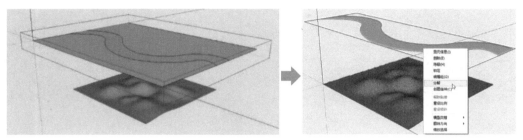

图 7-135　绘制道路

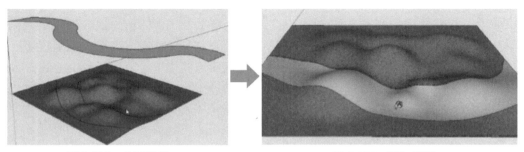

图 7-136　曲面投射　　　　　　　　　图 7-137　添加材质

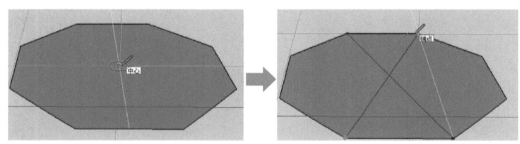

图 7-138　绘制正八边形　　　　　　　图 7-139　绘制对角线

02 绘制伞骨架线的辅助面。垂直底面绘制 800mm 高的立面矩形，如图 7-140 所示。在矩形顶端，垂直于 Z 轴方向绘制一个半径为 50mm 的圆，作为伞的顶端，如图 7-141 所示。

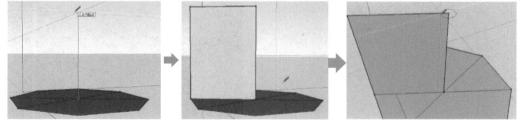

图 7-140　绘制立面矩形　　　　　　　图 7-141　绘制伞顶

03 用圆弧连接顶部圆的端点和底面矩形顶端，绘制出伞的骨架线，如图 7-142 所示。用橡皮擦工具将多余线条擦除，如图 7-143 所示，只保留伞的骨架线。选择骨架线，用旋转阵列命令，围绕底平面阵列出其余七条伞的骨架线，如图 7-144 所示。

04 将骨架线全部选中，单击沙箱工具中的

"从等高线创建地形"按钮 ，生成伞的曲面，如图 7-145 所示。

05 用直线绘制垂直于伞边缘的矩形辅助面，在面上用圆弧工具绘制曲线，如图 7-146 所示。将多余线条擦掉，将弧线边缘用旋转阵列的方式生成剩余 7 个圆弧面，如图 7-147 所示。

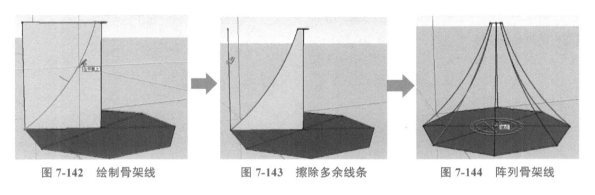

图 7-142 绘制骨架线　　　　图 7-143 擦除多余线条　　　　图 7-144 阵列骨架线

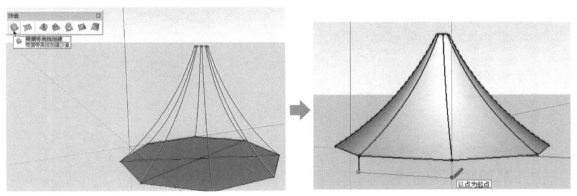

图 7-145 生成伞的曲面

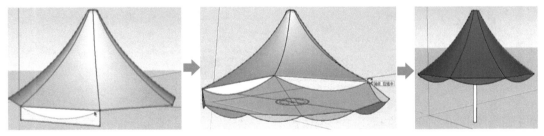

图 7-146 绘制曲线　　　　图 7-147 阵列生成圆弧面　　　　图 7-148 添加材质

06 制作一个圆柱体，放于伞下，作为伞柄。为伞添加颜色或材质，如图 7-148 所示。

三、制作十字形拱券

1. "模型交错"命令

"模型交错"命令用于在两个相交模型的交界处生成交线，将两个模型的面进行分割。

例如图 7-149 所示，为相交的圆柱体和立方体，同时选中两个物体，点击鼠标右键，选择"模型交错"→"模型交错"命令，在相交处会生成交线。如图 7-150 所示为弧面上的交线。

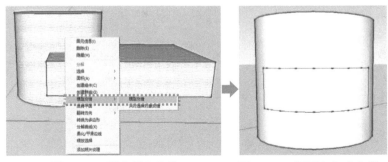

图 7-149 两个相交物体　　　　图 7-150 弧面上生成交线

2. 创建十字形拱券

<u>01</u> 沿着 Z 轴方向绘制一个半径为 1500mm 的半圆弧，如图 7-151 所示。将半圆弧向内偏移 60mm，如图 7-152 所示。用直线将半圆弧面封上，删除多余的线条，如图 7-153 所示。

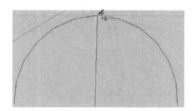

图 7-151　绘制半圆弧

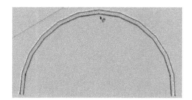

图 7-152　偏移半圆弧

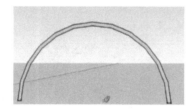

图 7-153　封半圆弧面，删除多余线条

<u>02</u> 用推拉工具将半圆弧推拉出 4000mm 的距离，如图 7-154 所示。选中生成的形体，用 <Shift> 键 + 旋转工具锁定垂直于 Z 轴的蓝色转盘，将转盘移动到形体屋脊中心点位置，单击中心点处变为旋转基点，如图 7-155 所示。按下 <Ctrl> 键，旋转复制 90°，生成新物体，如图 7-156 所示。

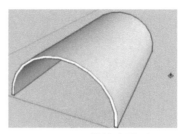

图 7-154　推拉半圆弧

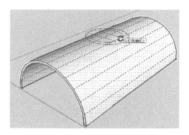

图 7-155　设置旋转基点

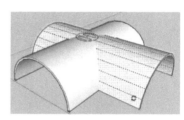

图 7-156　旋转复制生成新物体

> **技巧与提示：**
> 　　旋转工具在曲面上是黑色转盘，表示任意方向。可以将旋转工具拉离曲面，找到蓝色转盘后，按住 <Shift> 键并锁定转盘方向，再移动回曲面上。

<u>03</u> 将两个相交物体一起选中，点击鼠标右键，选择"模型交错"→"模型交错"命令。交错位置生成交线，分割了曲面，如图 7-157 所示。

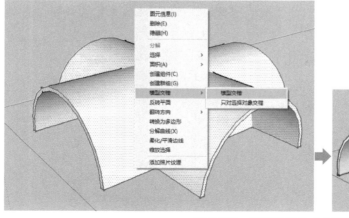
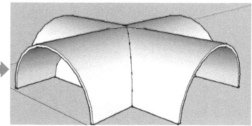

图 7-157　模型交错生成分割线

04 单击选择十字拱顶内部的面，按 <Delete> 键将面删除掏空，如图 7-158 所示。

05 将十字形拱券创建为群组，并用复制阵列的方式生成拱廊，如图 7-159 所示。

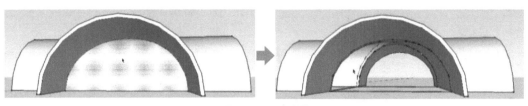

图 7-158　删除面

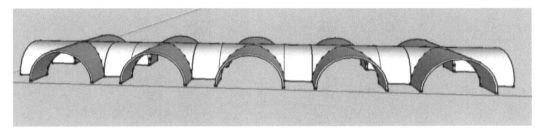

图 7-159　生成拱廊

06 制作柱子。在拱券交接处，绘制一个矩形，创建为群组。在群组内推拉 200mm 厚度。将底面边线向内偏移 150mm，向下推拉 1500mm 距离，如图 7-160 所示。完成后退出群组编辑。

07 阵列柱子。用 <Ctrl> 键 + 移动工具将柱子复制到拱券另一侧。将两个柱子一起选中，用复制阵列的方式生成两排柱子，添加材质，如图 7-161 所示。

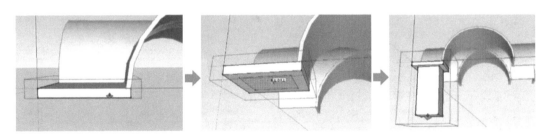

图 7-160　制作柱子

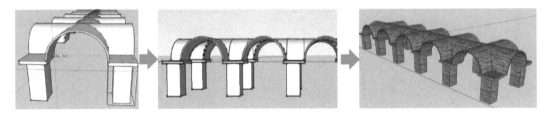

图 7-161　复制阵列柱子，添加材质

任务四　制作贴图模型

一、材质与贴图

材质的添加为模型增加真实感，影响模型的表现效果。如图 7-162 所示，左侧为无贴图材质的模型，右侧为添加贴图材质的模型。

SketchUp 提供简单易上手的材质贴图功能。SketchUp 自带的材质添加功能和插件渲染器 VRay 的材质功能共用。可在 SketchUp 中进行材质添加，再在 VRay 中进行参数设定。

图7-162 贴图材质效果

1. 材质编辑器

打开"材料"编辑器对话框，如图7-163所示。在"材料"编辑器对话框中，包括"选择"和"编辑"选项卡。

（1）"选择"选项卡 在"选择"选项卡中，对材质样式进行选择，更改材质名称，创建和添加新材质，用吸管工具吸取当前模型中已有的材质样式。

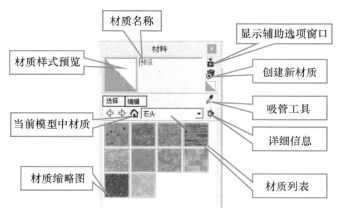

图7-163 "材料"编辑器对话框

1）材质列表。单击"选择"选项卡的材质列表按钮，出现SketchUp自带的材质库列表，包括"颜色""园林绿化、地被""屋顶""图案""木纹"等材质大类。选择某一材质种类，在材质缩略图中会显示本类中的所有材质样式。如图7-163所示为"石头"材质种类样式。

2）吸管工具。单击"选择"选项卡的吸管工具按钮，调用吸管。吸管工具可以吸取当前模型中的已有材质，将其设为当前材质使用。

技巧与提示：

在工具为油漆桶工具时，按下<Alt>键，则切换到吸管工具，指针显示为。

3）创建和导入新材质。单击"选择"选项卡中的按钮，可将当前材质创建为新材质，出现在材质库中。

如果需要导入外部的SketchUp文件材质（后缀名为.skm），单击"选择"选项卡中的按钮，选择"打开和创建材质库"。

（2）"编辑"选项卡 如果需要对添加的材质进行颜色、透明度、贴图纹理样式及贴图大小调节，则需要调用"编辑"选项卡，如图7-164所示。"编辑"选项卡包括三个主要属性调节："颜色""纹理"和"不透明"。

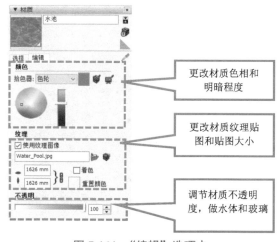

图7-164 "编辑"选项卡

1）颜色调节。SketchUp材质颜色拾色器有四种选择颜色的方式："色轮""HLS""HSB""RGB"，如图7-165所示。在"色轮"颜色模式下，在转盘上移动"□"选择颜色色相，在竖向色带上调节颜色的明暗度，如图7-166所示。

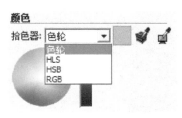

图 7-165　颜色拾色器

图 7-166　"色轮"颜色模式

2）使用贴图。如果需要更改材质纹理贴图图片，勾选"使用纹理图像"选项，单击浏览 ，选择图片，模型材质更改为所选图片，如图 7-167 所示。在长宽尺寸框中输入数值，可调节图片大小。

3）透明材质。在制作水体、玻璃等材质时，需要调节不透明度。滑动不透明度的滑块，或输入参数值，可以更改材质的不透明度，缩略图标也显示不透明状态，如图 7-168 所示。

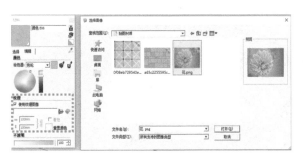

图 7-167　使用纹理图像

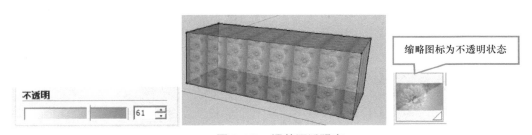

图 7-168　调整不透明度

2. 填充材质

（1）单个填充　在完成材质选择后，单击模型表面，即可填充材质，填充位置为单击处的面。

（2）邻接填充　在进行填充时，为了快速地将物体的所有面都填充上材质，可以按住辅助键。按 <Shift> 键表示用匹配的材质喷漆所有面，指针显示为 ；按 <Ctrl> 键表示用匹配的材质喷漆所有相连的面，指针显示为 ；按 <Shift+Ctrl> 键表示用匹配的材质喷漆同一物体上的所有面。

3. 贴图坐标调整

为使图片能够整张显示，需要用到纹理位置调整。选中需要调整纹理位置的面，点击鼠标右键，选择"纹理"→"位置"，可以打开调整位置

的图钉，如图 7-169 所示。图钉分为"固定图钉"和"自由图钉"两种类型。

（1）固定图钉（锁定别针）　打开的图钉如图 7-169 所示，固定图钉分为蓝色、黄色、红色和绿色四种。蓝色图钉用于调整图片倾斜；黄色图钉用于调整图片透视；红色图钉用于移动位置；绿色图钉用于缩放和角度调整。

移动图钉的位置，可进行图片调整，让整张图片贴于模型表面，如图 7-170 所示。完成位置调整后，单击空白处退出位置编辑。

（2）自由图钉　在显示固定图钉时，点击鼠标右键，取消勾选"固定图钉"，四个图钉样式均变为，自由图钉，如图 7-171 所示。每个自由图钉都包含四种固定图钉的功能，更宜调节。

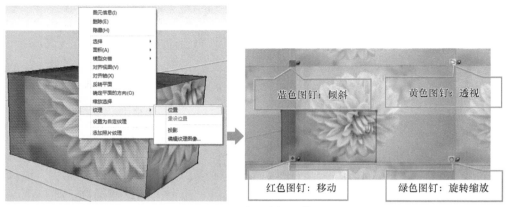

图 7-169　贴图坐标调整

图 7-170　用固定图钉调整贴图

图 7-171　自由图钉

4. 曲面贴完整图

在曲面贴图时，会遇到贴图不完整的情况。如果需要整张图片贴在曲面上，不能使用"纹理位置"方式，而需要使用"投射"的方式。

打开"文件"菜单，选择"导入"命令，导入需要投射的图片。将导入图片放置于曲面前方，如图 7-172 所示，导入后图片需要与曲面一样高。将导入图片群组分解。打开材质工具，用吸管工具吸取图片表面，如图 7-173 所示，材质设置为图片样式。用油漆桶工具单击曲面，如图 7-174 所示。曲面生成后整张贴图如图 7-175 所示。

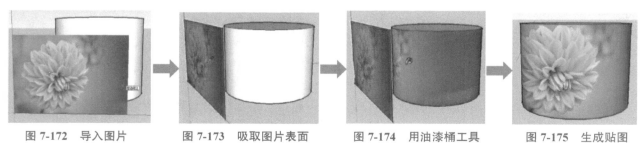

图 7-172　导入图片　　　图 7-173　吸取图片表面　　　图 7-174　用油漆桶工具　　　图 7-175　生成贴图
　　　　　　　　　　　　　　　　　　　　　　　　　　单击曲面

二、制作绿篱

1. 建立绿篱模型

01 绘制一个 2000mm×500mm 的矩形，用推拉工具推出 500mm 高度，如图 7-176 所示。

02 按下 <Ctrl> 键，将立方体上下各加推 100mm 高。加推部分用橡皮擦工具擦除多余线，只留前后两面，如图 7-177 所示。

2. 调整 Photoshop 材质图片

01 在 Photoshop 中打开绿篱图片。双击图层控制面板中的"背景"图层，解锁图层，变为"图层 0"，如图 7-178 所示。

02 用魔术橡皮擦工具，取消勾选属性栏中"连续"前的复选框，单击图片中的白色背景处，将其删除，如图 7-179 所示。

03 将图片保存为 PNG 格式，"交错"选择"无"。PNG 格式中，被删除的背景保留为透明样式，在 SketchUp 中贴图显示为透明。

> **技巧与提示：**
> 　　PNG 格式可以保存图片透明信息。如果保存为 JPG 格式，透明处会被保存为白色背景，无法在 SketchUp 中显示透明。

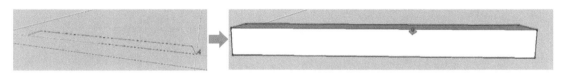

图 7-176　绘制矩形并推拉

图 7-177　加推面

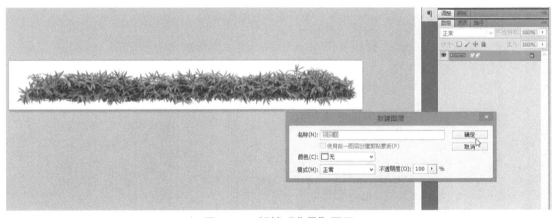

图 7-178　解锁"背景"图层

图 7-179　删除白色背景

3. 绿篱贴图

01 在 SketchUp 中，打开材质工具，选择一个颜色，按下 <Shift> 键的同时单击模型处，为模型各个面都添加颜色材质，如图 7-180 所示。

02 单击"材料"编辑器对话框中的"编辑"选项卡，单击"纹理" 📁 按钮，选择调整好的"绿篱.png"图片，作为纹理贴图，如图 7-181 所示。

03 选择绿篱表面，点击鼠标右键，选择"纹理"→"位置"命令。打开图钉，调节贴图位置，让贴图整张完整地贴于该面，让上下枝叶稍微支出灌木模型，如图 7-182 所示。

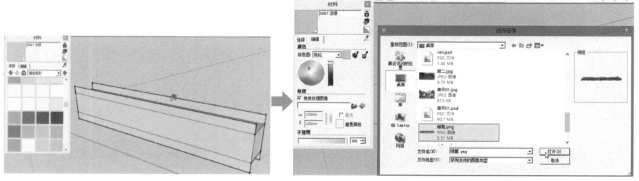

图 7-180　添加颜色材质　　　　　　　　图 7-181　纹理贴图

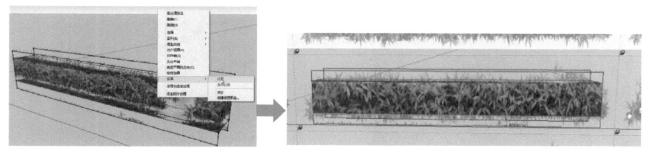

图 7-182　调整贴图位置

04 用吸管工具单击已经调整好贴图位置的面，吸取材质，再单击模型增加的上下面处，生成支出的枝叶，如图 7-183 所示。将绿篱其他面用同样的方法进行贴图和位置调整。

05 用橡皮擦工具，按住 <Shift> 键，单击绿篱的边框线，隐藏边框线，如图 7-184 所示。

图 7-183　生成支出的枝叶

图 7-184　隐藏边框线

三、制作 2D 植物模型

1. 调整 Photoshop 材质图片

01 在 Photoshop 中打开植物图片。双击"背景"图层，使其成为可编辑图层，如图 7-185 所示。

所示。

02 用魔术橡皮擦工具，取消勾选属性栏中"连续"前的复选框。选择魔术橡皮擦工具，单击图片中的背景处，将其删除，如图 7-186 所示。

图 7-185　解锁"背景"图层

图 7-186　删除背景

03 将图片保存为 PNG 格式，被删除的背景储存为透明信息，在 SketchUp 中显示为透明。

2. 制作 2D 植物组件

01 打开 SketchUp，打开"文件"菜单，选择"导入"命令，导入上一步保存的植物 PNG 格式。在 SketchUp 中生成该图片，如图 7-187 所示。

02 将图片分解，重新创建为组件，勾选"总是朝向相机"，如图 7-188 所示。

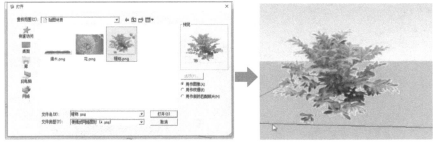

图 7-187　生成植物图片

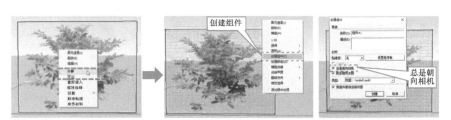

图 7-188　图片分解、创建组件，勾选"总是朝向相机"

技巧与提示：

　　2D 植物与 3D 植物相比，耗内存小，表现效果好，缺点是有纸片的一面。

　　如果不勾选"总是朝向相机"，2D 植物在相机镜头旋转时，会以侧面显示。

03 进入组件内部，用自由线条工具按照植物枝叶的边界线绘制一圈。用橡皮擦删除周围的矩形线框，如图 7-189 所示。选中植物轮廓线，点击鼠标右键，选择"隐藏"命令，如图 7-190 所示。退出组件编辑，打上阴影，阴影则为植物轮廓样式，完成后如图 7-191 所示。

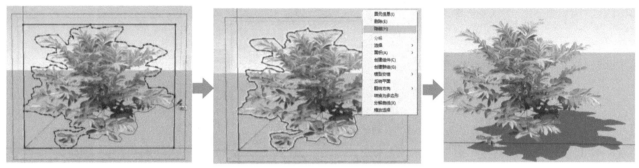

图 7-189　绘制植物轮廓　　　　图 7-190　删除多余面和线　　　　图 7-191　最终效果及阴影

四、制作 2D 人物

1. 调整 Photoshop 人物图片

　　在 Photoshop 中打开人物图片，将"背景"图层解锁。用魔术橡皮擦工具删除背景颜色，使背景变为透明。图片另存为 PNG 格式，如图 7-192 所示。

2. 制作 SketchUp 人物组件

01 在 SketchUp 中导入上一步的人物 PNG 格式的图片。分解图片，重新创建为组件，勾选"总是朝向相机"，如图 7-193 所示。

02 在组件内，用自由线条工具沿着人物边缘绘制闭合轮廓线。擦除多余边框线。将人物轮廓线选中，点击鼠标右键，选择"隐藏"命令，完成 2D 人物组件及投影轮廓设置，如图 7-194 所示。

图 7-192　图片删除背景颜色

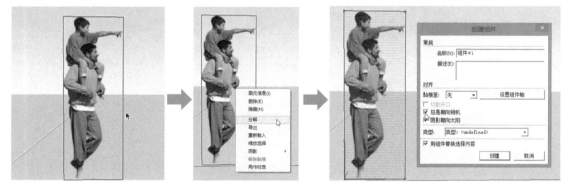

图 7-193　创建为组件

03 绘制彩色意向风格的 2D 人物。在上一步的基础上，用自由线条工具将人物头部、衣服、手部等各部分分割成不同的面，为人物填充颜色材质，如图 7-195 所示。

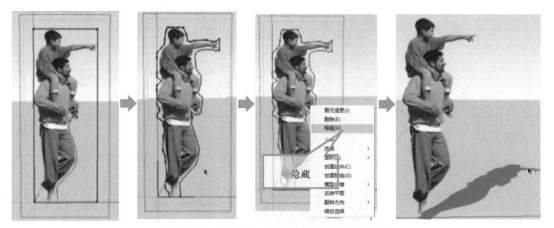

图 7-194　完成 2D 人物组件及投影轮廓设置

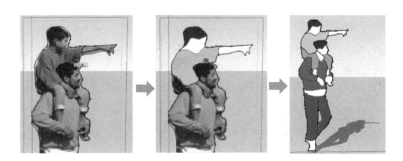

图 7-195　填充颜色材质

项目八　别墅庭院景观设计表现

一、项目描述

根据别墅庭院 CAD 底图，综合运用 SketchUp 建模与编辑命令、群组与组件命令以及材质填充命令，完成别墅庭院景观模型的制作，如图 8-1 所示。学习运用定位相机、添加场景方式设定出图及动画，运用"风格"编辑生成多样表现，设置阴影效果，最后导出二维图像。

图 8-1　庭院景观效果图

二、学习目标

1. 熟练运用 SketchUp 各建模命令、编辑命令、材质填充命令等。
2. 掌握在 SketchUp 中导入 CAD 图的步骤。
3. 了解 SketchUp 插件的应用。掌握封面插件在景观设计建模中的应用。
4. 掌握场景设定的步骤。了解动画制作的原理。
5. 掌握"视图查看""漫游""相机定位"等功能。
6. 掌握视图的风格编辑，设定适合的风格样式。
7. 掌握建筑小品、植物、人物素材及模型的添加。
8. 掌握二维图像导出步骤，生成像素精度较高的图片。
9. 掌握庭院设计的基本要求，具有一定的造景及审美能力。

三、参考学时

12 学时，包括 4 学时讲解与演示、8 学时技能训练。

四、地点及条件

理实一体化机房，完整安装 SketchUp 2021 软件。

五、成果提交

完成庭院模型制作，保存为 SKP 格式。完成一张鸟瞰角度、一张透视角度、一张顶视图，存为 JPG 格式，图片长 4000 像素。将以上文件提交至指定位置。

任务一　导　入　图　纸

一、别墅庭院景观设计

别墅庭院是具有一定私密性的花园，是别墅建筑的室外延伸，体现高品质生活，在设计上既要满足业主的户外活动需要，又要满足审美和愉悦身心的需要。庭院空间不大，"麻雀虽小五脏俱全"，应注重造景的细节处理。庭院的风格与周围建筑环境和业主要求一致，通常有中式、欧式及日式风格的庭院。中式庭院注重假山跌水的营造。欧式庭院中可以放置小的喷泉雕塑。日式庭院以枯山水造园手法见长。在种植植物上，以花卉灌木为主，四季常绿，三季有花。植物配置需要注重植物的色彩、空间层次、与小品的搭配，精在体宜。如图 8-2 所示为某庭院景观设计效果图。

图 8-2　某庭院景观设计效果图

二、整理 CAD 底图

1. 分析设计

本案例中，别墅建筑为东西走向，西侧为别墅入口，东侧为庭院空间；建筑北侧出口处设有道路、花架及花坛座椅；在庭院中有休闲平台、水池（水景）及凉亭构筑物等；庭院中央为开阔的草坪，上铺汀步；另外车库北侧为勤杂区，有汀步连接车库入口，如图 8-3 所示。

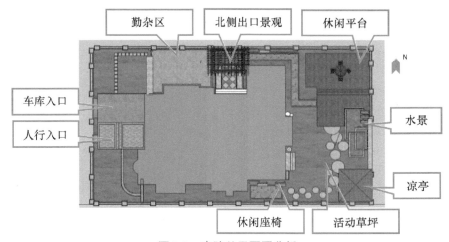

图 8-3　庭院总平面图分析

2. 整理图纸

庭院总平面方案在 CAD 中进行绘制。在导入到 SketchUp 前，需要删除 CAD 底图多余的线条、文字、构筑物等，需要检查各线条是否闭合，检查各线条 Z 坐标是否一致。一般只保留道路、铺装、水池等构筑物线条。整理后如图 8-4 所示。

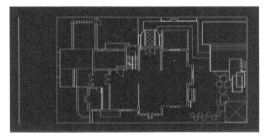

图 8-4　整理后的 CAD 底图

三、CAD底图导入SketchUp

01 在SketchUp中打开"文件"菜单，选择"导入"命令。在"打开"对话框中，"文件类型"选项选择"AutoCAD文件（*.dwg，*.dxf）"文件，找到整理好的别墅平面CAD底图。单击"打开"对话框中的"选项"按钮，出现"导入AutoCAD DWG/DXF选项"对话框，"单位"选择"毫米"，如图8-5所示。

图8-5 选择CAD文件，并统一单位为毫米

02 完成单位统一后，单击"导入"按钮。将CAD底图导入到SketchUp中，导入的线为一个群组，如图8-6所示。

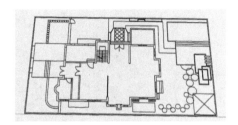

图8-6 完成CAD底图导入

任务二 创建模型

一、封面

从CAD导入SketchUp中的底图只有线没有面，需要使用者自己运用绘图工具依照底图的线段进行描绘，生成闭合的面。在封面时，可以借助封面插件，让工作简化。

1. 封面插件的安装

SketchUp 2021插件的安装：单击"窗口"菜单，选择"扩展程序管理器"命令，在打开的窗口中单击"安装扩展程序"按钮，选择RBZ格式的封面插件，单击"打开"按钮，完成安装，如图8-7所示。

本案例中运用Wikii Tools封面插件。安装成功后，会在菜单栏上出现"扩展程序"菜单，单击下拉列表，会显示Wikii Tools自动封面工具。

2. 封面插件的使用

将导入的CAD底图群组分解，选择全部线段。打开"扩展程序"→"Wikii Tools"→"自动封面"，在打开的窗口中单击"自动封面"按钮，生成面，如图8-8所示。封面插件没有封上的面，需要手动封完。

> **技巧与提示：**
>
> 进行计算自动封面时，SketchUp软件有时会崩溃，需要注意随时保存文件。
>
> 封面成功后，不同物体的面都是细线分割开。若还是粗实线分割，则需要重新封面。

图8-7 安装封面插件

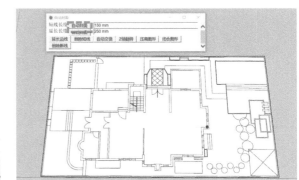

图 8-8　单击"自动封面"按钮，封面

二、根据图纸创建模型

1. 制作草坪及花池

01 双击草坪所在的面，将面和围合的线都选中。点击鼠标右键，选择"创建群组"命令，如图 8-9 所示。在园林模型中，草坪、道路、水体等各物体需要建立独立的群组。

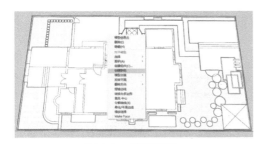

图 8-9　创建群组

02 打开材质，选择一个绿色材质，为草坪群组添加该绿色，如图 8-10 所示。

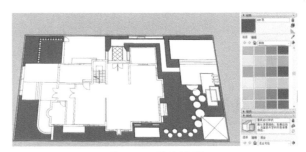

图 8-10　填充材质

03 制作花坛墙。将花坛面创建为群组，进入群组内，推拉 450mm 高度。选择花坛顶面，向外偏移 50mm，向下推拉 100mm，生成花坛墙体的压顶面。为花坛添加材质，然后退出花坛群组编辑，如图 8-11 所示。

04 制作花池中灌木。将花坛中灌木的面创建为群组。进入灌木群组内，推拉出高于花坛墙体的高度，添加一个绿色材质，如图 8-12 所示。本项目中其余位置的花坛制作同上。

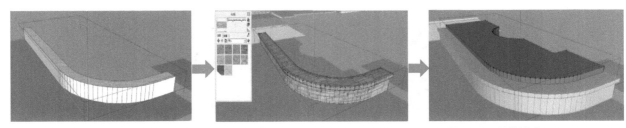

图 8-11　制作花坛墙　　　　图 8-12　制作灌木

2. 制作铺装

（1）大门入口处铺装

01 将入口处铺装平面创建为群组。进入群组内，推拉出踏步的高度，室外踏步高度通常为150mm，如图 8-13 所示。

02 做出边缘石。用偏移工具选中广场平面，

向内偏移 150mm，为边缘石添加材质，如图 8-14所示。完成后退出群组编辑。

03 制作车库入口铺装。将铺装平面创建为群组。进入群组内，将面推拉出 100mm 的厚度，并为铺装添加材质，如图 8-15 所示。完成后退出群组编辑。

图 8-13 创建群组，推拉出踏步高　　　　图 8-14 制作边缘石，添加材质

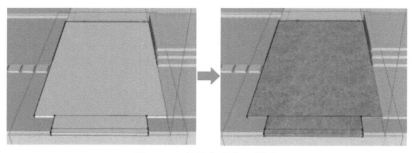

图 8-15 制作车库入口铺装

（2）制作规则草坪汀步

01 制作标准汀步。将汀步面创建为组件。进入组件内，推拉 100mm 的厚度，完成后退出组件编辑，如图 8-16 所示。

02 汀步阵列。选择移动工具并按下 <Ctrl> 键，复制一个汀步，即刻输入"10X"阵列多个。再沿着另一方向进行复制阵列，完成后如图 8-17 所示。

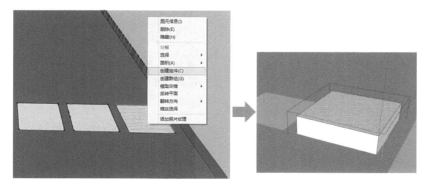

图 8-16 制作汀步

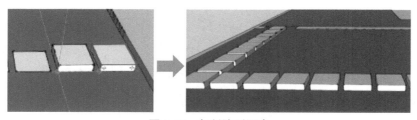

图 8-17 复制阵列汀步

03 进入汀步组件内，添加石材材质，如图 8-18 所示。完成后，退出组件编辑。

（3）制作北侧出口处花坛及铺装

01 制作出口处花坛。将花坛面创建为群组。进入群组内部，先为花坛边缘墙和花坛绿篱平面填充材质，再推拉出 450mm 高，绿篱高度略高于花坛墙体高度，如图 8-19 所示。

图 8-18 添加材质

02 制作边缘铺装。将边缘铺装创建为群组，推拉出 100mm 的厚度。向内偏移 100mm 边缘石，为铺装添加上材质，退出群组编辑，再制作花坛另一侧铺装。完成后如图 8-20 所示。

03 将中间铺装面创建为群组。进入群组内，推拉出 100mm 的厚度。为铺装添加边缘石、菱形

铺装材质，如图 8-21 所示。

（4）制作园路　将园路平面创建为群组。进入群组内，推拉出 100mm 的厚度。将铺装顶面偏移出 100mm 路缘石。为铺装添加路缘石和道路材质，如图 8-22 所示。完成后退出群组编辑。

图 8-19　制作出口处花坛

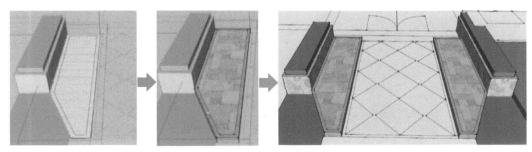

图 8-20　制作边缘铺装

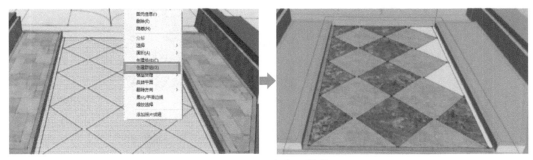

图 8-21　制作中间铺装

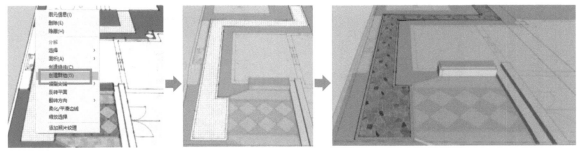

图 8-22　制作园路

（5）制作路边花坛座椅

01 将路边花坛创建为群组。进入群组内，向内偏移 100mm 花坛墙体厚度，如图 8-23 所示。

02 整理花坛墙体边缘线。推拉出 400mm 座

椅高度，700mm 花坛高度，如图 8-24 所示。

03 为花坛墙壁和绿篱添加材质。将绿篱推拉出比花坛略高的位置，如图 8-25 所示。完成后退出群组编辑。

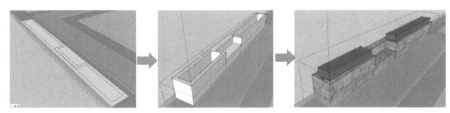

图 8-23　偏移花坛墙体厚度　　图 8-24　推拉出座椅、花坛　　图 8-25　推拉出绿篱

（6）制作休闲平台　将休闲平台面创建为群组。进入群组内，用推拉工具推拉出铺装厚度和踏步高度，踏步为 150mm 左右高。推拉完成后，添加木纹材质，如图 8-26 所示。

（7）制作不规则草坪汀步　将圆形汀步创建为群组。进入群组内，为所有汀步面添加石材材质。将汀步面推拉出 100mm 的厚度，如图 8-27 所示。完成后退出群组编辑。

（8）制作凉亭铺装　创建凉亭地面群组，删除多余的线。将平面向内偏移 150mm，做出边缘石。添加铺装材质和边缘石材质，将其推拉 100mm 的厚度，如图 8-28 所示。完成后退出群组编辑。

3. 制作水体

01　为水池创建群组，进入群组内编辑。为水池壁添加石材材质，为水池内添加水纹材质，如图 8-29 所示。

图 8-26　制作休闲平台

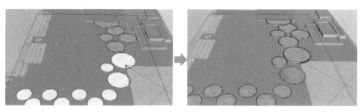

图 8-27　制作不规则草坪汀步

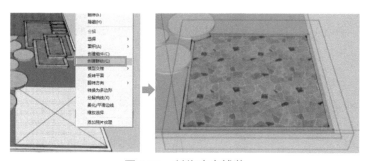

图 8-28　制作凉亭铺装

图 8-29　创建水池群组，添加材质

02 用推拉工具将水池壁推拉 100~400mm 高，中间的水池高度最高，水池高度依次向外递减。推拉出水位高度，略低于各水池壁高，如图 8-30 所示。

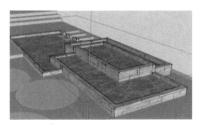

图 8-30 推拉出水池体量

03 在水池壁侧面绘制出一个矩形面，推拉出水流开口、水流形状，如图 8-31 所示。

04 制作水池壁压顶。将水池壁顶面向外偏移 150mm，向下推拉出 150mm 高，并填充材质，如图 8-32 所示。

05 制作水池旁的装饰台。将装饰台创建为群组，进入群组内部，推拉出 450mm 高，将顶面向外偏移 150mm，向下推拉 150mm 的厚度，如图 8-33 所示。完成后退出群组编辑。将其复制两个到相应位置。

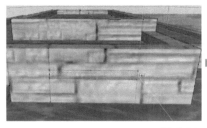

图 8-31 制作跌水

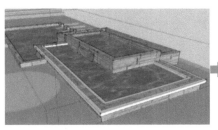

图 8-32 制作水池壁压顶

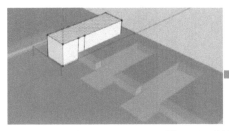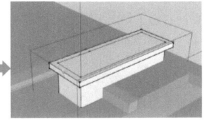

图 8-33 制作装饰台

4. 制作建筑小品

（1）导入花架 打开本书项目七中制作的花架模型，将花架整体创建为群组，按 <Ctrl+C> 键进行复制。在本庭院模型中，按 <Ctrl+V> 键进行粘贴，将花架放置在庭院模型相应位置，用缩放工具对花架大小、宽度、高度进行调节，如图 8-34 所示。

（2）导入亭子 打开本书项目七中制作的亭子模型，将亭子整体创建为群组，按 <Ctrl+C> 键进行复制。在本庭院模型中，按 <Ctrl+V> 键进行粘贴，将亭子放置在庭院模型相应位置，用缩放

工具对亭子大小、宽度、高度进行调节，以适应该庭院场地，如图 8-35 所示。

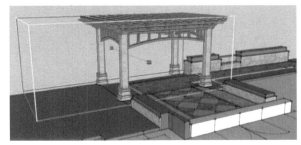

图 8-34 导入花架并缩放

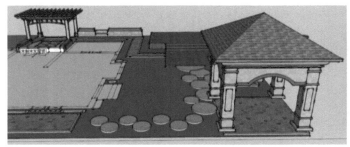
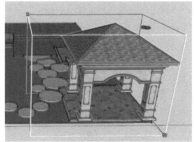

图 8-35　导入亭子并缩放

（3）制作并导入景墙

01 制作墙体。新建一个 SketchUp 文件，绘制一个 4000mm×300mm 的矩形，向上推拉 1600mm 高，然后将景墙顶平面向外偏移 50mm，用推拉工具向上推拉 100mm 高。重复偏移、推拉命令，同时配合缩放工具，制作外挑檐口，如图 8-36 所示。

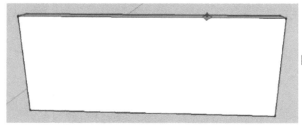
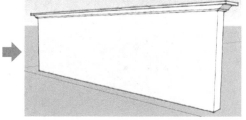

图 8-36　制作景墙檐口

02 制作景墙表面纹理。在景墙正面上，绘制左右对称的三个圆拱形状，中间圆拱最高，如图 8-37 所示。将圆弧向内偏移 30mm 宽，共偏移 3 次，用直线将圆弧段封面，如图 8-38 所示。用推拉工具将圆弧面依次向内推 30mm，形成阶梯状。

03 制作装饰线条。用偏移工具将圆拱向内偏移，做出线条，如图 8-39 所示。用推拉工具将线条推拉出一定厚度，使其具有层次感。

04 制作装饰柱。在景墙基部柱子处，绘制一个与柱子大小接近的矩形，创建为群组。进入群组内，用推拉和偏移工具做出柱基、柱身和柱顶部分，如图 8-40 所示。

05 复制柱子。用 <Ctrl> 键＋移动工具，将柱子复制多个，贴于景墙壁，如图 8-41 所示。

06 制作装饰构件。绘制一个正方形，创建为群组，如图 8-42 所示。进入群组，将其推拉成一个立方体。用缩放工具对立方体顶面进行放大，做成台体，如图 8-43 所示。退出群组编辑，将其复制到圆拱顶端放置，如图 8-44 所示。

07 完成模型制作后，为模型添加材质，如图 8-45 所示。

08 将景墙整体创建为群组，按 <Ctrl+C> 复制。在别墅模型中，按 <Ctrl+V> 粘贴。用移动工具将其放置在相应位置，用缩放工具调整其大小。完成后如图 8-46 所示。

图 8-37　绘制圆拱形状

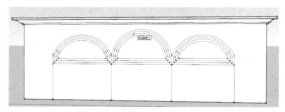

图 8-38　偏移圆弧并封面

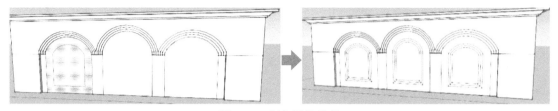

图 8-39　制作装饰线条

图 8-40　制作柱子

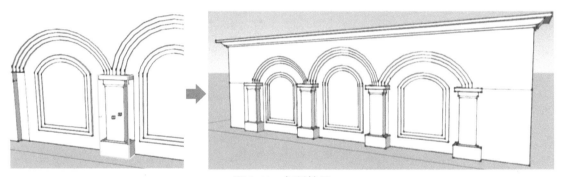

图 8-41　复制柱子

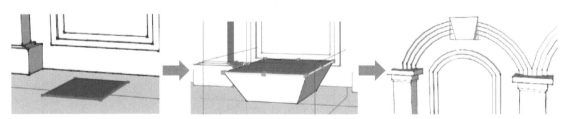

图 8-42　绘制正方形　　　　　图 8-43　创建台体　　　　　图 8-44　放置台体

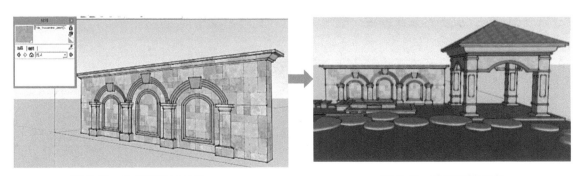

图 8-45　为景墙添加材质　　　　　　　　　图 8-46　放置进模型中

（4）制作并导入围栏

<u>01</u> 制作围墙墙柱。新建一个 SketchUp 文件，绘制一个 300mm×300mm 的正方形，创建为组件；进入组件，推出 1600mm 高；在顶面，用偏移工具和推拉工具做出压顶的线条，如图 8-47 所示。完成后退出组件编辑。

<u>02</u> 制作矮墙。绘制一个 150mm×2500mm 的矩形，创建为群组。进入群组内，推拉 700mm 高，用偏移工具和推拉工具做出台面的压顶，如图 8-48 所示。

<u>03</u> 制作栏杆柱。绘制一个圆和与圆垂直的矩形，将矩形面绘制成欧式柱子的剖面样式，删除多余线，然后用路径跟随工具将剖面围绕底面圆形路径旋转成欧式柱，如图 8-49 所示。将欧式柱创建为组件，移动到矮墙上，用直线阵列方式复制阵列一排柱子，如图 8-50 所示。

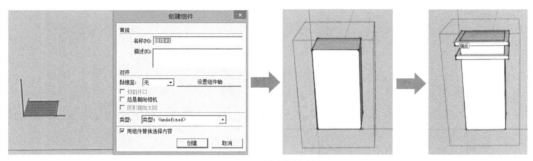

图 8-47　制作墙柱

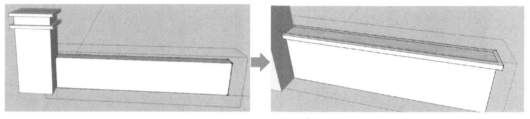

图 8-48　制作矮墙

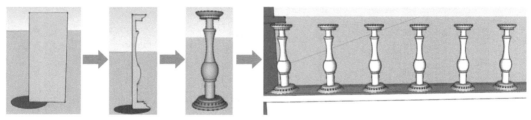

图 8-49　制作栏杆柱　　　　　　　图 8-50　复制阵列柱子

<u>04</u> 制作压顶。将栏杆柱下部矮墙体复制到柱子上。在复制的群组内，用推拉工具将底面向上推拉，生成如图 8-51 所示的压顶样式。编辑完

成后退出群组。用移动工具将群组放置在柱子上。完成后如图 8-52 所示。

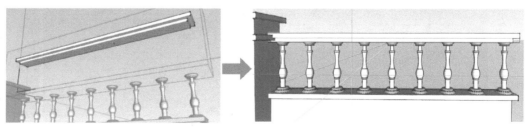

图 8-51　制作压顶　　　　　　　　图 8-52　移至柱子上

05 填充材质。为围墙栏杆填充石材。完成后如图 8-53 所示。

06 导入围墙。将围墙整体创建为群组，用复制粘贴的方式将围墙导入庭院模型中，放置在场地周边。用复制阵列的方式生成一排围墙，如图 8-54 所示。用同样的方法将栏杆围绕场地一圈。

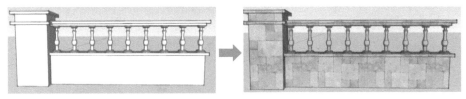

图 8-53　填充材质

图 8-54　导入围墙

5. 创建别墅建筑

01 隐藏多余模型。选中亭子、花架等模型，点击鼠标右键，选择"隐藏"命令，则模型将不显示，如图 8-55 所示。此项目为园林项目，别墅建筑不作为重点制作，建立简单的建筑示意体量即可。

> **技巧与提示：**
> SketchUp 中模型越多，计算机运行越慢。可以把已经建立好的模型进行隐藏，最后再显示出来，以解决模型间相互干扰的问题。

02 建筑创建为群组。将建筑平面推拉 6000~9000mm，2~3 层楼高。为建筑体量添加透明材质，如图 8-56 所示。完成后退出群组编辑。

03 取消隐藏的模型。单击"编辑"下拉菜单→"取消隐藏"→"全部"命令，将所有模型都显示出来。完成主体模型编辑后如图 8-57 所示。

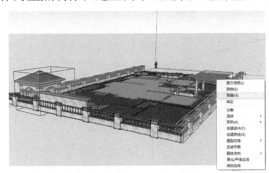

图 8-55　隐藏亭子、花架等模型

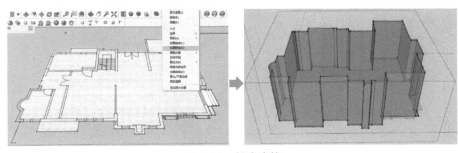

图 8-56　创建建筑

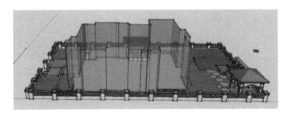

图 8-57　完成主体模型编辑

6. 添加小品

为了让庭院模型更加丰富，还需要添加一些小品物件，如座椅、灯具、垃圾桶、标识牌等。图 8-58 所示为搜集的一些家具及灯具模型，可直接使用。

根据设计，选择一些小品，用复制粘贴的方式放于模型中。如图 8-59 所示，将一套桌椅模型放于休息平台上。

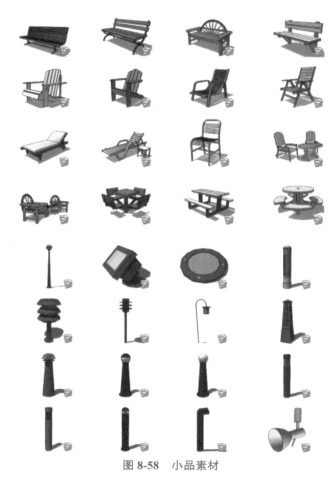

图 8-58 小品素材

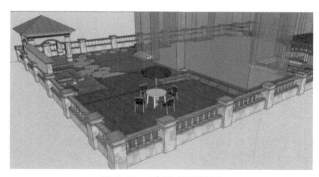

图 8-59 放置桌椅模型

任务三 导出图像

完成模型主体制作后，需要从模型中导出二维图片格式或动画播放，供汇报使用。

在进行图片导出时，首先需要对出图角度进行选择，确定相机的位置及视线高度，生成场景。

然后对每一个场景，添加植物、人物，让整个环境更为丰富生动。最后确定出图样式、打上阴影效果、确定像素精度，完成图片导出。图 8-60 所示为出图流程。

图 8-60　出图流程

一、设置视图

1. 视图

打开"视图"菜单，选择"工具栏"命令，打开"工具栏"对话框，勾选"视图"选项，打开"视图"工具栏。"视图"工具栏中不同按钮代表不同方向显示模型，是标准视图方向，从左往右依次为等轴测视图、顶视图、前视图、右视图、后视图、左视图。图 8-61 所示为单击顶视图的效果，图 8-62 所示为单击前视图的效果。

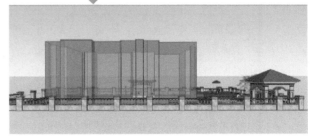

图 8-62　前视图

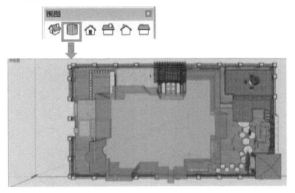

图 8-61　顶视图

技巧与提示：
　　打开菜单栏中的"相机"菜单，选择"标准视图"命令，有"顶视图""前视图""右视图""后视图""左视图""等轴测视图"选项，其效果与单击"视图"工具一致。

2. 透视样式

打开"相机"菜单，透视样式有"平行投影""透视显示""两点透视图"，如图 8-63 所示。如果要出彩色总平面图，需要勾选"平行投影"，图 8-63b 为"透视显示"效果，图 8-63c 为"平行投影"效果。

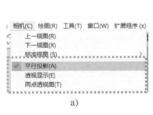
a)

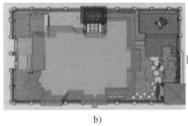
b)

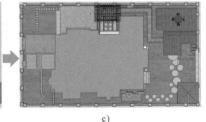
c)

图 8-63　透视显示和平行投影

3. 漫游工具栏

如果要设置非标准视图的视线角度，需要使用漫游工具栏，包括固定相机、漫游、绕轴旋转及剖切面。

（1）固定相机　固定相机工具有以下两种不同的使用方法。

1）单击。选择固定相机工具，在模型中单击指定相机放置位置。之后图标自动变为，再进行视点环绕观察，确定相机朝向。输入框中数值为视点高度 视点高度 1700mm ，可直接输入数值更改视点位置。一般成年人透视图视点高度设为 1.6~1.7m，儿童视点高度为 0.8m，在这个高度看建筑比较宏伟。

125

2）单击并拖拽。选择固定相机工具 ，在模型中单击确定相机位置，按住鼠标不放进行拖拽，选择相机朝向，确定方向后松开鼠标，然后修改视点高度。

（2）漫游 漫游工具可以让用户像散步一样地观察模型。

（3）绕轴旋转 绕轴旋转工具以相机自身为支点旋转观察模型，如同人转动脖子四处观看。

（4）剖切面 剖切面工具用于出剖面图纸。使用方法为激活该工具，指针显示为剖面板，单击需要剖切的方向，生成剖切面，如图8-64所示。可以将剖切面进行移动，生成不同位置的剖切面。

图8-64 剖面图

二、添加场景

场景是每个定格相机的画面，是动画形成的基础。每个调整好角度的相机视图，都需要为其添加一个场景，以该场景进行重点绘制。

1. 添加场景的方法

添加场景有两种方法：一是打开"场景"对话框；二是在菜单下拉列表中，选择场景相关选项。

（1）"场景"对话框 单击"窗口"菜单，选择"场景"命令，会弹出"场景"对话框，如图8-65所示。在模型中已建立的场景会出现在"场景"对话框中。

需要添加场景时，单击"场景"对话框中的 按钮，将当前模型视图作为一个场景进行保存，"场景"对话框中会生成该场景名称和缩略图。

需要删除场景时，在场景缩略图中激活该场景，再单击"场景"对话框中的 按钮。

场景顺序决定动画播放的顺序。通过"场景"对话框中的 按钮，可调节场景顺序。

（2）"场景"菜单列表 单击"视图"下拉菜单，选择"动画"→"添加场景"命令，可以为当前模型视图生成场景。生成场景后，会在模型上一栏出现场景编号，如图8-66所示。单击场景编号，可以在各场景间进行视图的切换。

2. 动画

（1）幻灯片演示动画 单击"视图"下拉菜单，选择"动画"→"播放"命令，模型视图自动进行动画播放。在视图中出现"动画"播放控制按钮，控制动画播放开关，如图8-67所示。

单击"视图"下拉菜单，选择"动画"→"设置"命令，打开"模型信息"对话框，设置动画切换时间，如图8-68所示。

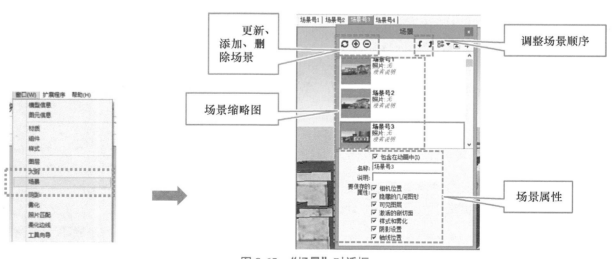

图8-65 "场景"对话框

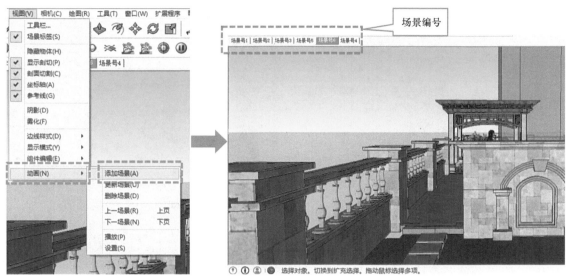

图 8-66　"场景"菜单列表

图 8-67　动画播放

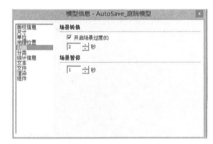

图 8-68　设置动画切换时间

（2）导出动画　动画可以导出为 AVI、MP4 等格式，在视频软件中进行编辑。导出动画方式：单击"文件"菜单，选择"导出"→"动画"→"视频"命令，如图 8-69 所示。此渲染过程比较长。

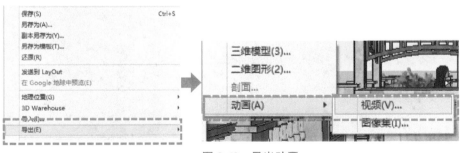

图 8-69　导出动画

三、丰富场景

确定出图角度和生成场景后，需要添加小品、植物、人物等素材，精细布置场景。园林模型中，需要添加的植物素材比较多，为了方便管理，可以将植物都放置于一个图层上。

1. 图层

（1）添加及删除图层　单击"窗口"菜单，选择"图层"命令，打开"图层"对话框，如图 8-70 所示。在"图层"对话框中⊕按钮用于新建图层，⊖按钮用于删除图层。

单击⊕，新建一个图层，重命名为"0-植物"，设置为当前图层，作为植物添加的图层。

图 8-70　打开"图层"对话框

（2）当前图层和可见图层　图层列表前圆圈变为实心，则为当前图层。图层名称后的小方框勾选为图层可见，取消勾选为图层不可见，如图 8-70 所示。

2. 添加植物

01 植物模型分为 3D 和 2D 两种类型，为降低内存，一般采用 2D 植物。打开 2D 植物模型素材，将 2D 植物创建为组件，在"创建组件"对话框中，勾选"总是朝向相机""阴影朝向太阳"，如图 8-71 所示。

02 将植物素材复制到庭院模型中，将植物移动到相应位置，调整植物大小。用复制工具将植物复制多个，如图 8-72 所示。

图 8-71　植物创建为组件　　　　图 8-72　复制添加植物

3. 添加人物

01 同添加植物方法。打开 2D 人物素材，创建为组件。在"创建组件"对话框中，需要勾选"总是朝向相机""阴影朝向太阳"，如图 8-73 所示。

02 将人物素材复制到庭院模型中，用移动工具将人物放置在相应位置，用缩放工具调整人物大小，如图 8-74 所示。

图 8-74　复制人物

图 8-73　创建组件

四、编辑风格样式

SketchUp 自带 7 种风格样式，包括"混合样式""手绘边线""照片建模""预设样式""颜色集""直线""Style Builder 竞赛获奖者"，可以为需要出图的模型设置不同的表现风格，如图 8-75 所示。

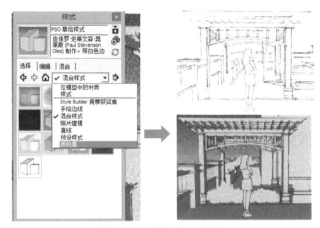

图 8-75 "样式"对话框

在"样式"对话框中，单击"编辑"选项卡，有"边线设置""面设置""背景设置""水印设置""模型设置"，如图 8-76 所示。

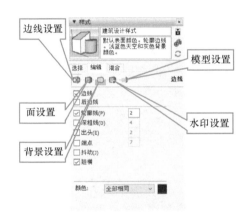

图 8-76 "编辑"选项卡

1. 边线设置

边线设置用于控制几何体边线的显示、粗细及颜色等。在园林模型中，一般只保留"边线"勾选，"轮廓线""深粗线"等取消勾选，这样显示线为细线样式，模型显得比较精细，如图 8-77 所示。

图 8-77 边线设置

2. 面设置

面设置中包含"显示为线框模式""显示为着色模式""显示为贴图模式""显示为单色模式""以 X-Ray 模式显示"等表面显示模式。另外面设置还可以修改材质的正面色和背面色（SketchUp 面为正反双面），如图 8-78 所示。

图 8-78 面设置

3. 背景设置

在背景设置中可以修改场景的背景色，显示地平线，如图 8-79 所示。

图 8-79 背景设置

4. 水印设置

可以在模型周围放置 2D 图像，创造背景，如图 8-80 所示。

图 8-80 添加水印

5. 模型设置

模型设置可以修改模型中的各种属性，例如

选定植物的颜色、被锁定物体的颜色等。

五、设置阴影

SketchUp 提供比较真实的阴影效果。阴影只在出图渲染时才打开。

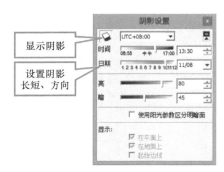

图 8-81 添加阴影

单击"窗口"菜单，选择"阴影"命令，打开"阴影设置"对话框。对话框中可以控制 SketchUp 的阴影特性，包括时间、日期和光线明暗，如图 8-81 所示。

"阴影设置"对话框中的 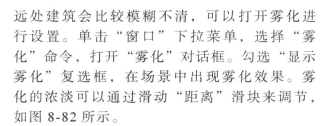 按钮按下时，显示阴影；该按钮未按下时，关闭阴影。

阴影的长短和方向，可以通过滑动"时间"和"日期"滑块来设定。光线明暗可以通过滑动"亮""暗"滑块来设定。

六、设置雾化样式

SketchUp 提供雾化效果。在真实环境中，

远处建筑会比较模糊不清，可以打开雾化进行设置。单击"窗口"下拉菜单，选择"雾化"命令，打开"雾化"对话框。勾选"显示雾化"复选框，在场景中出现雾化效果。雾化的浓淡可以通过滑动"距离"滑块来调节，如图 8-82 所示。

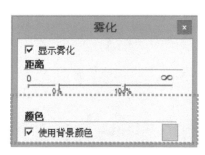

图 8-82 设置雾化

七、导出二维图像

完成以上步骤后，需要导出二维图像。单击"文件"菜单→"导出"→"二维图形"，打开"输出二维图形"对话框，如图 8-83 所示。

1. 设置格式

在"输出二维图形"对话框中，选择输出路径和输出类型。输出类型为 JPG 格式。

2. 设置像素

二维图像为位图，需要对像素进行设定。单击"输出二维图形"对话框中的"选项"按钮，打开"导出 JPG 选项"对话框，取消勾选"使用视图大小"复选框。对透视图，需要将"宽度"设置为 3000~4000 像素；对鸟瞰图，需要将"宽度"设置为 5000~6000 像素。导出后，图像如图 8-84 所示。

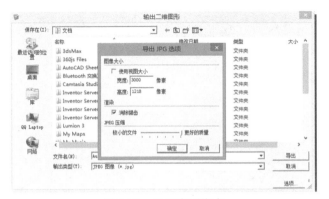

图 8-83　设置出图像素

图 8-84　导出二维图像

项目九　公园景观设计综合表现

一、项目描述

根据公园设计的 CAD 底图，完成如图 9-1 所示的公园鸟瞰图。将 CAD 底图导入 SketchUp 中进行封面和模型建立，用 VRay for SketchUp 渲染出图，在 Photoshop 中对渲染图纸进行后期处理，添加植物、人物、水体、光影等，完成效果图制作。

图 9-1　公园鸟瞰图

二、学习目标

1. 掌握从建模到园林效果图制作的流程，熟练运用各软件协同完成效果图制作。
2. 了解 VRay for SketchUp 材质参数设定。
3. 掌握 VRay for SketchUp 室外景观出图参数设定。
4. 掌握鸟瞰景观图纸的后期处理方法。

三、参考学时

18 学时，包括 6 学时讲解与演示、12 学时技能训练。

四、地点及条件

理实一体化机房，完整安装 SketchUp 2021 软件，安装 VRay for SketchUp。

五、成果提交

完成公园模型制作，用 VRay 渲染器渲染出图，在 Photoshop 中添加植物，进行后期处理。保存模型（SKP 格式）和后期处理文件（PSD 格式），上传到指定文件夹。

任务一 导入图纸

一、公园设计

公园是城市绿地的重要组成部分，能够提升城市生活品质，反映城市风貌，改善城市及其居民的休憩、娱乐环境，满足居民的审美及功能要求。

公园分为综合性公园、滨水公园、游乐园、植物园、动物园及风景自然保护区等。城市公园应以自然景观为主，具有植物种类多样性和生态多样性，维持城市生态平衡。

本项目以一个滨水公园为例，先使用SketchUp创建公园模型，再使用VRay渲染器进行鸟瞰图渲染出图，最后使用Photoshop进行后期处理。

二、分析并整理CAD图

本案例为一个滨水公园，总平面图左侧为河道，公园内有自然水系，道路自然曲折并由跨水园桥连接。

在CAD中完成公园规划设计。清理并关闭不需要的图层，保留道路、建筑、水体的硬质景观边缘轮廓线，检查线是否闭合，如图9-2所示。整理完成后保存。

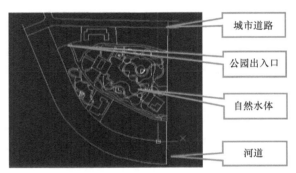

图 9-2 公园的绘制及整理

三、CAD底图导入SketchUp

打开SketchUp软件，单击"文件"菜单，选择"导入"命令，文件类型为DWG格式。选择上一步保存的CAD文件，单击"选项"按钮，"单位"统一为"毫米"。单击"确定"按钮，完成导入底图，如图9-3所示。

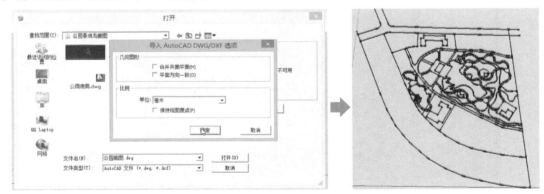

图 9-3 在 SketchUp 中导入 CAD 底图

任务二 创 建 模 型

一、封面

在SketchUp中安装封面插件，将导入的底图全部选中，单击"自动封面"，如图9-4所示。若使用自动封面插件，有些面会遗漏或重复，需要手工修补。

图 9-4　插件自动封面

二、参照图纸创建模型

01 制作河道。将河道面创建为群组，为其添加蓝色材质，如图 9-5 所示。

02 制作周围绿地。将周围绿地面用直线封住，并全部选中，创建为群组，添加绿色材质，如图 9-6 所示。

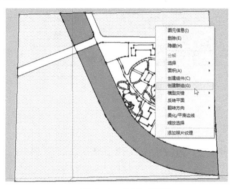

图 9-5　制作河道

图 9-6　制作周围绿地

03 制作园路。将园路面创建为群组，为道路添加颜色材质，如图 9-7 所示。

04 添加贴图铺装材质。将园路铺装材质编辑器打开，勾选"使用纹理图像"，单击"浏览"按钮，找到需要贴图的铺装图片，单击"打开"按钮，完成效果如图 9-8 所示。

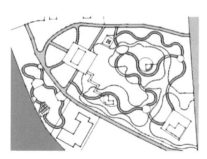

图 9-7　制作园路

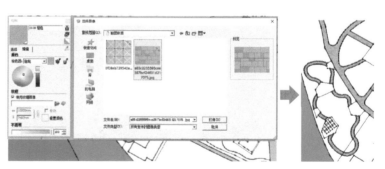

图 9-8　园路贴图

05 制作自然水体。单击水体面，创建为群组，为水体添加上蓝色材质，如图 9-9 所示。

06 制作公园内绿地。将绿地面创建为群组，为其添加绿色材质，如图 9-10 所示。颜色与周围绿地颜色区分，方便后期选区。

07 制作城市车行道和人行道。将车行道面创建为群组，填充深灰色材质，如图 9-11 所示。

进入车行道群组内，向内偏移 1500mm，制作人行道宽度，推拉 150mm 高，填充铺装贴图，调整贴图大小，如图 9-12 所示。

08 制作车行道分割线。用偏移工具将道路边缘线向内偏移，生成车行道分割线，如图 9-13 所示。填充白色材质。使用同样的方式制作斑马线。

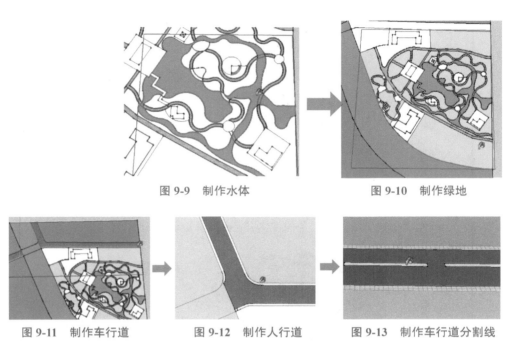

图 9-9 制作水体　　　　　　　　　图 9-10 制作绿地

图 9-11 制作车行道　　　图 9-12 制作人行道　　　图 9-13 制作车行道分割线

09 制作广场铺装。将广场面创建为群组，填充颜色。打开该颜色编辑对话框，勾选"使用纹理图像"，单击"浏览"按钮，选择铺装贴图，调整纹理大小。效果如图 9-14 所示。

10 制作花坛。绘制一个 2500mm × 2500mm

的正方形，创建为组件，推拉 450mm 高，用偏移工具和推拉工具制作花坛台面和种植池，为花坛添加石材贴图。退出组件编辑，将花坛复制多个，如图 9-15 所示。

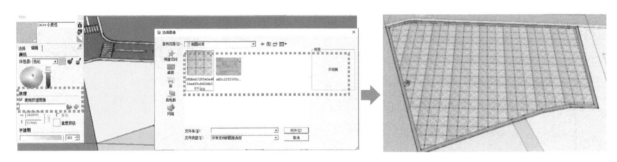

图 9-14 填充广场铺装

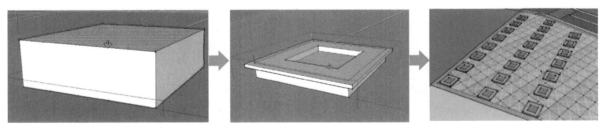

图 9-15 制作花坛

11 铺装材质方向调节。为广场添加铺装材质，选择广场面，点击鼠标右键，选择"纹理"→"位置"命令，打开固定图钉。用红色图钉

进行旋转，如图 9-16 所示。用偏移工具向内偏移 200mm，生成广场的路缘石，为其添加材质，如图 9-17 所示。

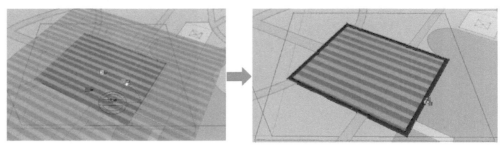

图 9-16　调节铺装方向　　　　　　　　　　图 9-17　制作路缘石

12 制作广场中心花坛。将花坛面创建为群组，进入群组内，添加材质，推拉 400mm

高，并制作花坛的压顶边缘，如图 9-18、图 9-19 所示。

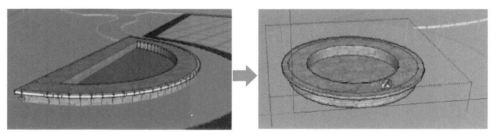

图 9-18　广场中心花坛（一）　　　　　　　图 9-19　广场中心花坛（二）

13 制作下沉式广场。将下沉式广场面创建为群组，进入群组内，用推拉工具推拉出下沉式

台阶，台阶高度为 150mm，为广场添加材质，如图 9-20 所示。

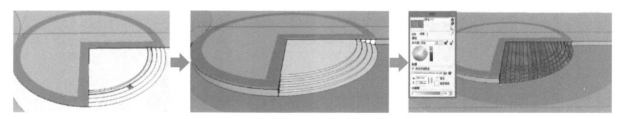

图 9-20　制作下沉式广场

14 制作水深。将水体向下推拉 2000mm 深度，如图 9-21 所示。用缩放工具选择底面，按

住 <Ctrl> 键以中心点缩放，制作出水面斜坡，如图 9-22 所示。同理制作其余的水体。

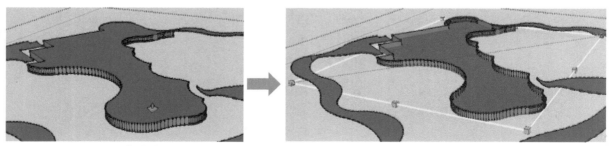

图 9-21　推出水深　　　　　　　　　　　　图 9-22　制作倾斜驳岸

15 制作地形。用沙箱工具中的地形方格网工具绘制出方格网，用曲面起伏工具拉伸出曲面。

将曲面放入公园模型中，调整大小，为其添加草坪材质颜色，如图 9-23 所示。

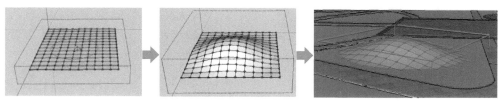

图9-23 制作地形

16 制作曲桥。将曲桥面创建为群组，进入群组，推拉出桥面厚度，如图9-24所示。绘制出桥的栏杆，创建为群组，推拉出栏杆厚度，将栏杆群组向下复制一层，如图9-25所示。绘制栏杆柱，创建为组件，将栏杆柱复制多个，如图9-26所示。

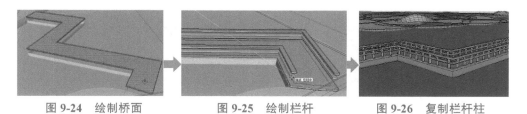

图9-24 绘制桥面　　　图9-25 绘制栏杆　　　图9-26 复制栏杆柱

17 放置园桥。将已有的园桥样式复制到公园模型中。完成后如图9-27所示。

18 放置亭子、建筑。将建筑小品素材复制到公园模型中，如图9-28所示。

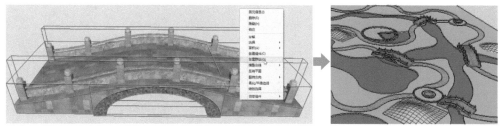

图9-27 放置园桥

图9-28 放置亭子、建筑

任务三　渲　染　出　图

公园模型建立后，需要通过VRay for SketchUp渲染出图。对于VRay for SketchUp功能，本任务只做简单介绍。

一、VRay for SketchUp界面

VRay for SketchUp是SketchUp的插件工具，需要另外安装。安装完成后，SketchUp操作界面上会出现VRay的工具栏，包括VRay所有工具。通过"视图"→"工具栏"→"VRay主工具栏"和"VRay灯光工具栏"可打开该工具栏，如图9-29所示。

主工具栏从左往右依次为"材质工具" Ⓜ、

"渲染设置" 、"开始渲染" ⒭、"开始 RT 渲染" ⒭⒯、"批量渲染" ⒝⒭、"帮助" ⒫、"打开帧缓存" 、"VRay 球体" 、"VRay 无限

平面" 。灯光工具栏从左往右依次为"点光源" 、"面光源" 、"聚光灯" 、"穹顶光源" 、"球体光源" 、"光域网" 。

图 9-29　VRay 主工具栏和灯光工具栏

1. 材质工具 Ⓜ

单击该按钮打开 VRay 材质编辑器。VRay 材质与 SketchUp 材质同步。用户可先通过 SketchUp 材质编辑器对材质贴图及贴图大小、纹理位置进行调整。

2. 渲染设置

单击该按钮可以打开渲染设置对话框。渲染设置是对渲染精度、渲染计算方式等进行设定，确定渲染出图效果。

3. 开始渲染 ⒭

单击该按钮，开始进行渲染。渲染时会出现渲染过程显示（见图 9-30）和渲染界面（见

图 9-31）。完成渲染后，单击渲染界面上的"保存"按钮 进行保存。

4. 开始 RT 渲染 ⒭⒯

单击此按钮，对当前场景开始实时测试渲染。

5. 批量渲染 ⒝⒭

单击此按钮，对 SketchUp 中所有场景进行批量渲染。

6. 帮助 ⒫

单击此按钮可以在网页浏览器中打开 VRay for SketchUp 官方网页。

7. 打开帧缓存

单击此按钮可以打开渲染窗口。

图 9-30　渲染过程显示

图 9-31　渲染界面

8. VRay 球体

单击此按钮可以在场景中创建一个球体。

9. VRay 无限平面

单击此按钮可以在场景中创建一个无限平面，在渲染时，可以将其作为地面使用。

二、材质设置

1. 材质编辑器

VRay for SketchUp 材质属性设定是通过 VRay 材质编辑器实现的。VRay 材质编辑器包括预览区、材质列表区、属性参数区，如图 9-32 所示。

图 9-32　VRay 材质编辑器

（1）预览区　单击"预览"按钮，在预览窗口中会出现材质球，如图9-33所示。勾选"实时更新"复选框，修改材质参数，材质球显示修改后的材质样式。

（2）材质列表区　材质列表区显示当前模型中的所用材质。右击材质列表，在弹出的菜单中可以新建、删除、导入和导出材质。单击"创建材质层"，可以为材质添加"反射""漫反射""折射""自发光"等属性，如图9-34所示。

图9-33　材质预览

图9-34　添加属性

（3）属性参数区　该区域是材质属性设定的区域。初始材质只有"漫反射""选项""贴图"属性。当在材质列表中添加属性后，属性参数区

会出现相应的卷展栏，如图9-35所示。

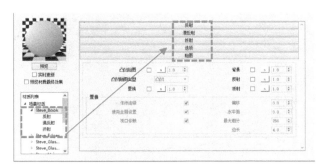

图9-35　属性参数卷展栏

"漫反射"卷展栏：用于设定材质的基本参数，例如材质的固有色和透明度，如图9-36所示。

"颜色"后面的"□"里为材质本色，可以单击该按钮，选择材质颜色。"颜色"后有 m 按钮，表明使用纹理贴图，单击该按钮打开纹理编辑器。通常选择贴图类型为"位图"，选择图片文件。确定纹理贴图后 m 变为 M 。

"透明度"后面的"□"里为透明度控制，以黑白颜色进行控制，黑色为不透明，白色为全透明。

"反射"卷展栏：物体表面反光，则具有反射属性，需要添加反射卷展栏。

材质的反射强弱参数设定有两种方式：第一种是通过贴图通道设置贴图，单击"反射"后面的 M 按钮，自然界中的反射类型大多为"菲涅耳"反射；第二种是通过颜色来控制，单击"反射"后面的"□"，通过黑白颜色来控制反射强弱，如图9-37所示。

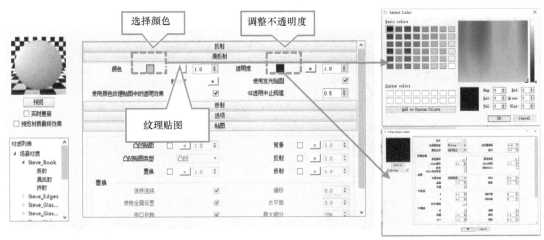

图9-36　漫反射设置

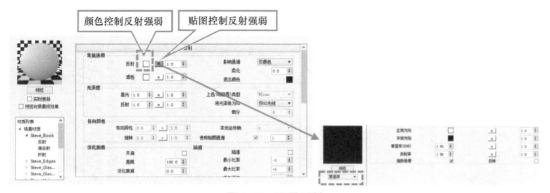

图 9-37　设置反射

"折射"卷展栏：玻璃、水和玉石等透明或半透明物体，具有折射特性，需要在材质属性栏中为材质增加"折射"卷展栏，如图 9-38 所示。对于具有折射属性的材质，IOR（折射率）与材料介质类型相关，例如真空的折射率为 1、空气为 1.0003、水为 1.33、玻璃为 1.5。

图 9-38　设置折射

2. 常用材质设定

（1）木纹材质

`01` 添加材质贴图。用 SketchUp 油漆桶工具为场景中的模型添加木纹材质，如图 9-39 所示。

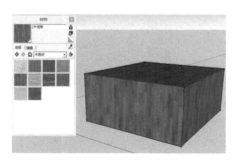

图 9-39　添加木纹材质

`02` 打开 VRay for SketchUp 材质面板，找到木纹材质，右击材质列表，为其创建"反射"属性，如图 9-40 所示。在"反射"卷展栏中，单击 M 图标，贴图类型选择"菲涅耳"，如图 9-41 所示。木纹的高光是模糊的，所以需要设置"光

泽度"中的"高光"为 0.85~0.95，"反射"为 0.85~0.95，如图 9-42 所示。

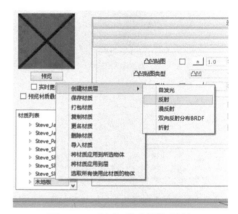

图 9-40　创建"反射"属性

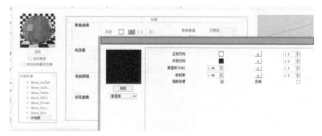

图 9-41　设置菲涅耳反射

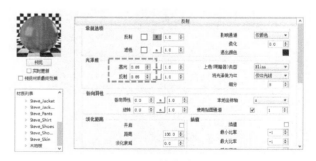

图 9-42　模糊高光

（2）玻璃材质

01 用 SketchUp 材质工具为场景中的物体赋予透明材质。打开材质编辑对话框，调整"不透明度"，如图 9-43 所示。或者打开 VRay for SketchUp 材质编辑器，在材质漫反射卷展栏中，调整透明度颜色为灰色，即为半透明，如图 9-44 所示。

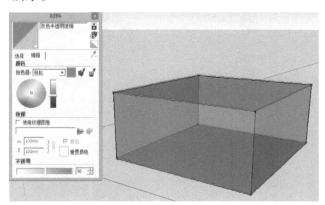

图 9-43　SketchUp 中设置半透明

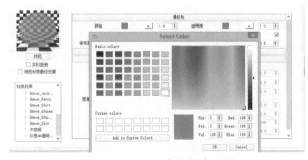

图 9-44　VRay 中设置半透明

02 在 VRay for SketchUp 材质列表中，为该材质添加"反射"属性，在"反射"卷展栏中，选择反射贴图类型为"菲涅耳"反射，如图 9-45 所示。

图 9-45　设置玻璃反射属性

03 在 VRay for SketchUp 材质列表中，为该材质添加"折射"属性，如图 9-46 所示。

图 9-46　添加"折射"属性

三、渲染参数设置

单击 VRay for SketchUp 中的 🌑 图标，打开渲染选项面板。渲染面板中包含"全局开关""系统""相机""环境""图像采样器""DMC 采样器""颜色映射""VFB 帧缓存通道""输出""间接照明""发光贴图""灯光缓存""焦散""置换""RT 实时引擎"。

1. "全局开关"卷展栏

该卷展栏中的参数主要用于对材质、灯光和渲染等进行整体控制，如图 9-47 所示，包括"材质""几何体""光源"等选项。"缺省光源"控制的是 VRay 太阳，有时渲染效果不太理想，通常要关闭，然后单独建立光源，或打开"环境"卷展栏下的天光设置一个"太阳"。由于 VRay 光线与 SketchUp 光线一致，因此渲染前应先在 SketchUp 中设置好阳光的方位、时间。

图 9-47　"全局开关"卷展栏

2. "环境"卷展栏

在渲染时需要勾选"环境"卷展栏下的"全局照明（天光）""反射 / 折射背景"。单击"全局照明（天光）"后面的 ▨ 按钮，出现天光选项框，如图 9-48 所示。选择贴图类型为"天空"，指定一个"太阳"给天空，这样渲染时就有光影关系了。在天光选项框中，对于太阳参数可以设定空气质量、太阳效果。

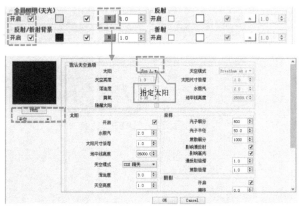

图9-48　设置太阳

3. "间接照明"卷展栏

"间接照明"卷展栏是计算全局光照明的核心，它描述的是光线从光源发出后，碰到一个物体的表面时，一部分光线会被物体吸收，另一部分光线会被反弹出去。当反弹出去的光线遇到另外的表面时，又会继续被反弹和吸收，如此反复就产生了全局光照明效果。

打开"间接照明"，需要勾选"间接照明"卷展栏中的"开启"复选框。在间接照明计算中，有"首次反弹"计算引擎和"二次反弹"计算引擎。"首次反弹"计算引擎可以选择"发光贴图""光子贴图""蒙特卡罗""灯光缓存"四种方式。"二次反弹"计算引擎可以选择"无""光子贴图""蒙特卡罗""灯光缓存"四种方式。两个计算引擎可以选择不同的间接光照计算方式，选择的计算方式会有相应的卷展栏，如图9-49所示。

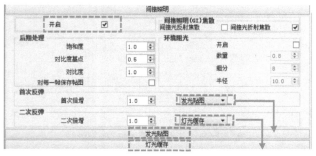

图9-49　"间接照明"卷展栏

4. "发光贴图"卷展栏

如果间接照明计算引擎选择了"发光贴图"，则出现该卷展栏。发光贴图是一种基于光子缓存技术的计算方法。其主要控制参数有"最小比率""最大比率""半球细分""插值采样"等，控制渲染的精度和效果，如图9-50所示。

图9-50　"发光贴图"卷展栏

5. "灯光缓存"卷展栏

如果间接照明计算引擎选择了"灯光缓存"，则出现该卷展栏。灯光缓存主要用于二次反弹计算引擎中，它是对光线的传递和衰减进行计算，其卷展栏参数如图9-51所示，主要参数有"细分""采样尺寸"等，设置渲染的精度和效果。

图9-51　"灯光缓存"卷展栏

6. "相机"卷展栏

在使用相机拍摄物体时，可以通过调节光圈、快门或感光度来获得正常的照片。"相机"卷展栏用于设置物理相机的参数，影响出图效果。

7. "图像采样器"卷展栏

"图像采样器"卷展栏中的参数主要用于处理渲染图像的抗锯齿效果。图像采样器类型有三种："固定比率""自适应细分""自适应确定性蒙特卡罗"，如图9-52所示。各类型有自己的参数，例如"最少细分""最多细分"等。细分值越大，抗锯齿效果越好，但是计算越慢。

图 9-52　"图像采样器"卷展栏

8. "DMC 采样器"卷展栏

DMC 采样器即蒙特卡罗采样器，影响场景中的抗锯齿、景深、间接照明、运动模糊、折射等。DMC 采样器一般用于确定获取哪些样本被光线追踪，其参数面板如图 9-53 所示。

图 9-53　"DMC 采样器"卷展栏

9. "输出"卷展栏

"输出"卷展栏用于确定出图的像素大小和储存路径等。出图像素一般为 4000~5000。可直接在长宽中输入值，也可以选择卷展栏中提供的值，如图 9-54 所示。

图 9-54　输出图像大小的设置

10. 公园鸟瞰图出图最终参数设定

01 打开渲染选项窗口。打开"全局开关"卷展栏，关闭"缺省光源"。

02 在"环境"卷展栏下勾选"全局照明（天光）"和"反射 / 折射背景"选项，在其贴图通道中设置贴图类型为"天空"，太阳为"Sun 1"。

03 在"输出"卷展栏下设置渲染尺寸，单击"5120×2880"选项。

04 在"图像采样器"卷展栏中设置采样类型为"自适应确定性蒙特卡罗"，设置"最少细分"为 1，"最多细分"为 5。

05 在"DMC 采样器"卷展栏中设置"自适应量"为 0.75，"噪点阀值"为 0.005。

06 在"间接照明"卷展栏中，首次反弹计算选择"发光贴图"，二次反弹计算选择"灯光缓存"。在"发光贴图"卷展栏中，设置"最小比率"为"-3"，"最大比率"为"0"，"半球细分"为"50"，"插值采样"为"30"。在"灯光缓存"卷展栏中，设置"细分"为"1000"。

07 打开"VFB 帧缓存通道"卷展栏，选择"RGB"和"材质 ID"，如图 9-55 所示。

图 9-55　VFB 帧缓存通道设置

08 单击"渲染" Ⓡ 按钮，进行渲染出图。渲染完成后如图 9-56 所示。

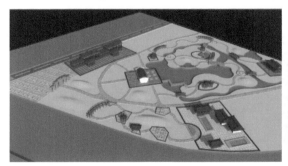
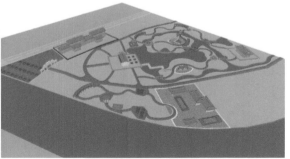

图 9-56　渲染出图

技巧与提示：
渲染时需要生成渲染图和材质通道图。材质通道图在 Photoshop 后期处理时，能帮助选区。

任务四　鸟瞰图后期处理

一、混合通道图

打开 Photoshop，将渲染图和材质通道图放在一张图中，上下重叠。如图 9-57 所示，"材质图"图层置顶，用于选区；渲染底图为基准图，在其上添加植物、人物、水体等素材。

图 9-57　Photoshop 中打开渲染图

二、添加背景绿地植物

01 在"材质图"图层，选中草坪区域，回到"底图"图层，按 <Delete> 键删除草坪区域，如图 9-58 所示。打开草坪素材，添加进入，将草坪素材放置于"底图"图层下，完成后如图 9-59 所示。

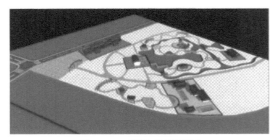

图 9-58　删除草坪区域

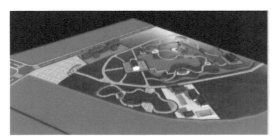

图 9-59　添加草坪素材

02 将树林素材拖进渲染图中。打开"材质图"图层，选择周围绿地区域。回到树林素材图层，为其添加一个可见蒙版。多添加一个树林材质，让层次更加丰富，效果如图 9-60 所示。

图 9-60　添加周围树林

三、添加植物

在场地内添加单棵树材质，并为树添加阴影。使用 <Alt> 键 + 移动工具复制树。注意"近大远小"的规律，需要按 <Ctrl+T> 键进行大小变换。效果如图 9-61 所示。

四、添加水体

添加水体素材到渲染图中：在"材质图"图层选中河水区域，回到水体素材图层，添加一个可见蒙版，效果如图 9-62 所示。

图 9-61　添加树

五、丰富场景

01 为场景添加草坡素材。用橡皮擦工具调整"不透明度""流量"为 50% 左右，擦除草坡边缘，让草坡与草坪相互融合。效果如图 9-63 所示。

图 9-62　添加水体

图 9-63　添加草坡

02 添加丰富的植物。植物在配置上注意色彩间隔搭配，透视关系"近大远小"，以及群落式种植样式。效果如图 9-64 所示。

图 9-64　添加丰富的植物

03 添加船、人物、汽车等素材，让场景更加生动。需要注意大小比例关系，与周围尺寸协调。效果如图 9-65 所示。

图 9-65　添加船、人物、汽车

> **技巧与提示：**
> 　　鸟瞰角度的植物、人物，需要满足三点透视关系，"上大下小、头重脚轻"，在鸟瞰全局中，比例都很小。

04 添加云雾等素材。云雾能显示视角位置，突出中心场景。效果如图 9-66 所示。

图 9-66　添加云雾

六、光影处理

01 添加光。新建一个图层，用渐变工具，选择从黄色到透明渐变，拉出从左到右的渐变效果。更改图层"不透明度"为 15% 左右。效果如图 9-67 所示。

图 9-67　添加光

02 当前图层在最顶部图层，单击添加图层
控制面板下方的  按钮，为整张图添加亮度和对
比度调整。效果如图 9-68 所示。

图 9-68　调整亮度 / 对比度

项目十　Lumion 在园林设计中的应用

一、项目描述

运用 Lumion 基本操作命令，为庭院模型添加景观素材，完成如图 10-1 所示场景的制作及出图。

图 10-1　庭院 Lumion 效果图

二、学习目标

1. 掌握 Lumion 素材添加基本操作，包括导入模型、添加景观系统、编辑材质、设置物件添加。

2. 掌握 Lumion 场景设置，包括拍摄照片、添加特效、导出照片等。

3. 掌握 Lumion 基本动画片段编辑操作，包括制作动画、添加特效、导出动画等。

4. 能够综合运用基本命令进行简单景观静帧和动态场景的创作。

三、参考学时

8 学时，包括 4 学时讲解与演示、4 学时技能训练。

四、地点及条件

理实一体化机房，完整安装 Lumion 软件。

五、成果提交

在 Lumion 中，根据镜头输出 BMP 格式图片，输出一段 1min 以上的 MP4 格式视频，提交至指定位置。

任务一 认识 Lumion 的界面及基本操作

一、Lumion 简介

Lumion 软件是由荷兰 Act-3D 公司开发的，涉及建筑、规划、舞美、设计等领域的可视化虚拟软件。Lumion 可用于制作电影和静帧作品，也可以传递现场演示。

Lumion 可以有效兼容 3ds Max、SketchUp 等软件的 DAE、DXF、FBX、OBJ、3DS 格式，支持 BMP、DDS、HDR、JPG、PNG、PSD、TGA 等格式图形文件导入，并能够通过动植物、天气系统等丰富的素材和各类特效表现手法，快速且高效地创造具有超强表现力和视觉冲击力的可视化效果。

二、Lumion 的界面及基本操作

1. 欢迎界面

在初始界面（见图 10-2）左上角单击 图标，进入图 10-3 所示界面，单击 CN 图标进入中文版。

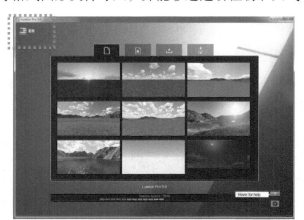

图 10-2 初始界面

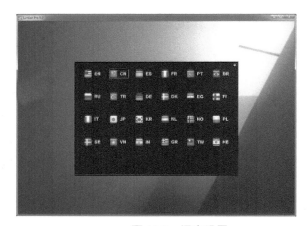

图 10-3 语言设置

单击图 10-4 右下角的"设置" 按钮进入 Lumion 程序"设置"面板，如图 10-5 所示。"设置"面板可用于对软件运行相关性能进行调整，一般为默认状态。

图 10-4 新建场景界面

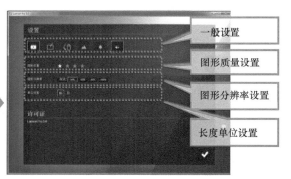

图 10-5 "设置"面板

2. "新建"面板

单击图 10-4 正上方导航栏中的"新建" 按钮，进入"新建"面板。"新建"面板中提供了 9 种不同的天气和地貌场景，选择其中一个即可建立对应的场景文件。

3. "范例"面板

单击图 10-6 中导航栏的"范例" 按钮，进入"范例"面板。"范例"面板中提供了 9 种不同类型的实例场景。图 10-7 所示为选择第二个范例场景的界面。

图 10-6　输入范例界面

图 10-7　第二个范例场景

4. 工作界面

在导航栏中单击"新建" 按钮，在"新建"面板中单击选择第四个场景（见图 10-8），进入 Lumion 的工作界面，如图 10-9 所示。Lumion 的工作界面由输入系统、输出系统、操作界面三部分组成。

图 10-8　选择第四个场景　　　　　图 10-9　工作界面

（1）输入系统　输入系统在工作界面的左下侧，由"天气" 、"景观" 、"导入" 、"物件" 四部分组成，默认状态下只显示已经激活的操作按钮及对应的命令面板。

1）天气系统 。单击"天气"按钮，打开"天气"面板，如图 10-10 所示。"天气"面板主要用于调节天气参数，包括调整太阳和月亮的位置、光线的强弱明暗、云的类型疏密等。

图 10-10　天气系统

2）景观系统 。单击"景观"按钮，打开"景观"面板，如图 10-11 所示。"景观"面板主要用来创建大海、地形、水面，以及导入地形，对地面材质和地貌类型进行调节。

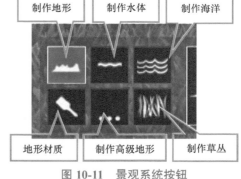

图 10-11　景观系统按钮

高度 ：用于挖湖堆山，对地面进行提升 、降低 、平整 、起伏 、平滑 等操作，如图 10-12 所示。

图 10-12　高度设置按钮

水面██：单击"放置水面"██按钮，可在场景中拉取出水面，如图10-13所示。水面四个角点上的██标记可调整水面大小，██标记可调整水面高度。"水面类型"按钮可打开子面板（见图10-14），选择合适的水面。

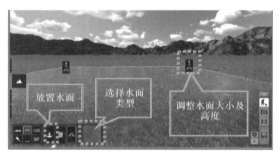

图10-13　添加水面

图10-15　海洋开关

描绘（地形材质）██："地形材质"面板（见图10-17）主要用来添加和变换地形材质。选择一种需要的材质，用合适的笔刷在场景的地形地貌中刷动生成。一个地形中最多添加四种材质。

图10-17　"地形材质"面板

高级地形██：快速调整和生成地形。例如创建平地██（见图10-18），创建群山██（见图10-19）。

图10-18　创建平地

██海洋：单击图10-15中的"海洋开关"██打开海洋，同时海洋调节参数子面板也会出现，如图10-16所示。

图10-14　水面类型

图10-16　海洋设置

图10-19　创建群山

草丛██：单击"草丛开关"██按钮，开启草丛，如图10-20所示。调节草丛属性滑条，可调节草的尺寸、高度、野性。同时可单击右边"草丛类型"██按钮，出现草类型子菜单（见图10-21所示），可添加不同类型的草。

图10-20　打开草丛

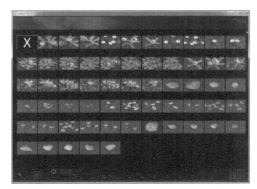

图 10-21　草类型

3）导入模型 🔒。Lumion 中可以导入 3ds

Max、SketchUp 等 软 件 的 DAE、DXF、FBX、OBJ、3DS 格式模型，并可对模型的材质、大小、位置等进行调整。

导入模型步骤：单击"添加模型" 🔒 按钮，如图 10-22 所示。选择需要添加的模型类型 Object file *.dae;*.fbx;*.skp;*. ▾ 和文件，接着单击"打开"按钮，如图 10-23 所示。在弹出的对话框中的空白栏处填写导入模型的名称，然后单击 ✔ 按钮，如图 10-24 所示。场景中会出现一个向下的白色箭头和一个黄色边框，即为模型边框，如图 10-25 所示，单击场景即完成模型放置。

图 10-22　单击"添加模型"按钮

图 10-23　选择导入文件

内上下来回移动的白色箭头（见图 10-25）。

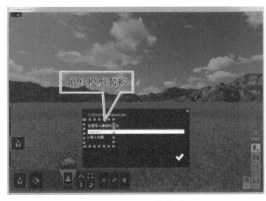

图 10-24　更改名称

图 10-25　放置模型

> **技巧与提示：**
>
> 若 SketchUp 版本较高，需要另存为低版本的模型，否则导入版本较低的 Lumion 中会提示错误。

移动物体 🔀：用于沿着地形平移模型。移动模型时需单击"移动物体" 🔀 按钮（也可在其他命令时，按 <M> 键不放）。运用移动工具时，按 <Alt> 键则变为"复制"命令。

调整尺寸 ✛：调整模型的尺寸大小。单击"调整尺寸" ✛ 按钮（可按 <L> 键不放），在模型指示点上按住鼠标左键不放并进行拖拽即可等比放大或缩小模型。

编辑材质 🔳：编辑导入模型的材质贴图。SketchUp 模型中需要先添加材质，否则 Lumion 中无法进行材质区分。

放置物体 ↓：将模型文件添加到场景中。放置模型时模型会出现一个黄色的边界框和边界框

调整高度![]：沿垂直方向移动模型。单击"调整高度"![]按钮（可按住 <H> 键不放），在模型指示点上按住鼠标左键不放并进行拖拽即可沿垂直方向移动模型。

旋转物体![]：单击"旋转物体"![]按钮（可按住 <R> 键不放），然后在模型指示点上按住左键不放，即可以模型白色指示点为轴心旋转模型。

关联菜单![]：单击"关联菜单"![]按钮，可单击场景中物体的白色坐标原点，并对物体进行选择、特别（Extra）、变换等操作。

编辑属性![]：可以更改 Lumion 素材库中物体的颜色、声音大小、灯光造型等属性。

删除物体![]：必须在物体所在类别下才能对其进行选择和删除。

大规模的安置![]：可以沿一条直线一次放置多个需要放置的物体，如图 10-26 所示。可以调节多个放置物体的数量、方向、离散程度。

图 10-26　阵列物体

4）物件系统。单击图 10-27 中的"物件"![]按钮进入物件系统。物件系统共包含自然库![]（见图 10-28）、交通工具库![]（见图 10-29）、声音库![]（见图 10-30）、特效库![]（见图 10-31）、室内库![]（见图 10-32）、角色库![]（见图 10-33）、室外素材库![]（见图 10-34）、光源和工具库![]（见图 10-35）8 个类型。

图 10-27　单击"物件"按钮

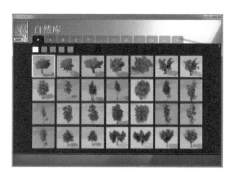

图 10-28　自然库

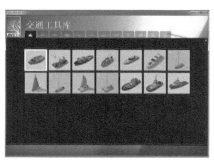

图 10-29　交通工具库（一）

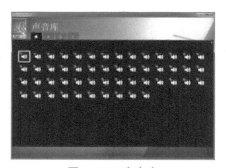

图 10-30　声音库

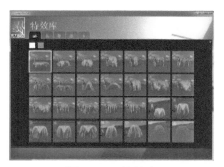

图 10-31　特效库

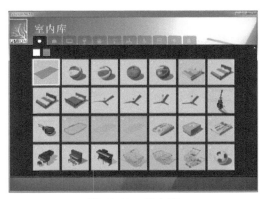

图 10-32　室内库

图 10-33　角色库（一）

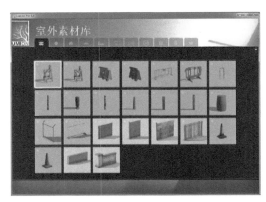

图 10-34　室外素材库

（2）操作界面　操作界面就是除输入系统和输出系统外的可视区域。Lumion 操作界面中

的快捷键见表 10-1。

图 10-35　光源和工具库

表 10-1　快捷键

工具名称	快捷键	工具名称	快捷键
向前移动摄像机	W/ 上箭头	显示画面	F1
向后移动摄像机	S/ 下箭头		F2
向左移动摄像机	A/ 左箭头		F3
向右移动摄像机	D/ 右箭头		F4
向上移动摄像机	Q	快速保存（自动覆盖）	F5
向下移动摄像机	E	远山细节显示开关	F7
双倍速移动摄像机	Shift +W/S/A/D/Q/E	复制所选物体	Alt+ 移动物体
摄像机四处环绕	按下鼠标右键 + 移动鼠标	绘制方形选区	Ctrl+ 鼠标左键
平移摄像机	按下鼠标滚轮 + 移动鼠标		

注：表中 <F1> 到 <F4> 快捷键对应的画面品质由低到高。

（3）输出系统　输出系统位于工作界面的右下侧，由"辅助栏" 　?　、"编辑模式" 　、"拍照模式" 　、"动画模式" 　、"文件" 　、"设置" 　、"剧场模式" 　组成。

任务二　制作别墅庭院景观动画

一、导入模型

1. SketchUp 导出三维模型

01 调整模型坐标。Lumion 是以 SketchUp

的原点位置为插入点和移动及缩放的基准点，为了方便后期的操作，将 SketchUp 模型移动到坐标原点，如图 10-36 所示。

02 整理 SketchUp 模型。单击"单色显示场景"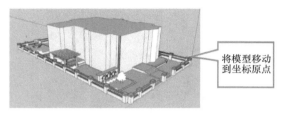按钮，调整模型法线（正面朝外），如图 10-36 所示。如果是反面朝外，低版本的 Lumion 中会出现无法显示的问题。

将模型移动到坐标原点

图 10-36　将模型移动到原点并正面朝外

03 清理图层。打开 SketchUp 图层管理器，可以关掉人物、植物图层，因为 Lumion 素材库中提供了这些类型的素材给用户使用。

2. Lumion 导入模型

01 单击"导入模型" 按钮，选择需要导入的庭院模型，单击 按钮导入模型。

02 白色向下的箭头表示模型放置的位置，单击该箭头完成模型导入，如图 10-37 所示，按 <Esc> 键则取消放置物体。可单击"旋转" 按钮调整模型方向，如图 10-38 所示。

图 10-37　放置模型

图 10-38　调整模型方位

二、编辑材质

1. Lumion 材质库

Lumion 材质库有自然材质库（见图 10-39）、室内材质库（见图 10-40）、室外材质库（见图 10-41）以及自定义材质库（见图 10-42）四种。

1）自然材质库中包含草丛、岩石、土壤、水、瀑布、森林地带共 6 类素材。

2）室内材质库中包含布、玻璃、皮革、金属、石膏、塑料、石头、瓷砖、木材共 9 类室内常用素材。

3）室外材质库中包含砖、混凝土、玻璃、金属、石膏、屋顶、石头、木材、沥青共 9 类室外常用素材。

4）自定义材质库提供了广告牌、颜色、玻璃、不可见、照明贴图、输入材质、标准共 7 个类型的材质供用户调节。

图 10-39　自然材质库

图 10-40　室内材质库

图 10-41　室外材质库

图 10-42　自定义材质库

2. 调节建筑体玻璃材质

01　单击"编辑材质" 按钮，将指针移动到建筑上，整个建筑自然显示为绿色（见图 10-43）。

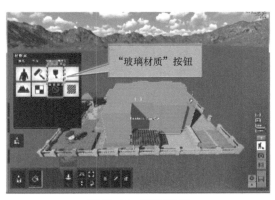

图 10-43　选择建筑

02　单击"玻璃材质" 按钮进入"玻璃材质"子面板，调整透明度和颜色（见图 10-44）。

图 10-44　调节玻璃

3. 调节草地材质

01　单击"编辑材质" 按钮，单击需要进行材质调节的草坪（见图 10-45），绿色显示区域表示草坪被选中。

02　进入材质编辑器面板，然后在自然材质库的草坪素材中选择合适的草坪，如图 10-46 所示，单击"确定" 按钮。高版本的 Lumion 中可以设置立体草。

图 10-45　选择草坪

图 10-46　确认草坪材质

三、添加景观素材

1. 添加植物素材

01 单击"自然" ▲ 按钮，接着单击"放置物体"按钮上方的植物图标进入自然库，在库中选择需要的植物，放置在庭院场景中，如图 10-47 所示。

02 移动状态下按住 <Alt> 键复制物体。如果不需要此次复制操作，可单击"撤销" ▲ 按钮，也可以单击"删除物体" ▣ 按钮，然后单击需要删除的对象。完成后如图 10-48 所示。

图 10-47　添加植物

图 10-48　移动状态下按 <Alt> 键复制

2. 添加人物素材

单击"角色" ▲ 按钮进入角色库，如图 10-49 所示。选择需要添加的人物素材，放到庭院场景中合适的位置，完成后如图 10-50 所示。

图 10-49　角色库（二）

图 10-50　添加人物

3. 添加小汽车

单击"交通工具" ⇌ 按钮，进入交通工具库（见图 10-51）。选择小汽车，放置在场景中，如图 10-52 所示。

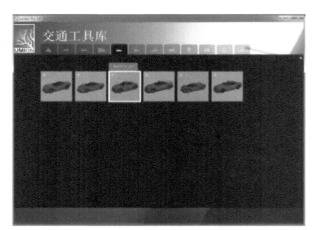

图 10-51　交通工具库（二）

图 10-52　添加小汽车

4. 添加外部小品

单击"添加新模型" ▣ 按钮，导入天鹅喷泉模型，放置在水池边，如图 10-53 所示。

图 10-53 导入天鹅喷泉模型

四、导出照片

1. 打开照片模式

单击输出系统中的"拍照模式" 📷 按钮进入拍照模式，如图 10-54 所示。

图 10-54 拍照模式

2. 设置相机镜头

在编辑模式和拍照模式中均可设置镜头位置，单击图 10-54 中的"保存相机视口" 📷 按钮记录下当前画面，也可以通过按住 <Ctrl> 键的同时选择 0~9 中的任意一个数字完成保存相机视口。

> **技巧与提示：**
>
> 若离开了当前镜头，可以按 <Shift+1> 键回到通过 <Ctrl+1> 键设置的镜头画面。
>
> 在 Lumion 中可以保存 10 个照片集共 100 个相机镜头，但是快捷键 <Ctrl + (0~9)> 只能设置 10 个镜头，当重复按下快捷键时原来使用同一快捷键设置的镜头将被自动覆盖。

3. 输出图片

Lumion 提供了"邮件 1280×720""桌面 1920×1080""Print3840×2160""海报 7680×4320"四种尺寸的图片输出，如图 10-54 所示，用户可直接单击需要像素的按钮，完成图片输出。

4. 添加特效

在照片输出前可以通过图 10-54 中的"添加特效" ✴ 按钮为图片添加特效，丰富输出图片效果。特效有风、霜、雨、雪等，也可以设置太阳和月亮的大小、高度。

五、制作动画

1. 设置动画场景

01 单击"动画模式" ⊞ 按钮进入动画模式，单击"录制" ⬛ 按钮进入记录关键帧模式，如图 10-55 所示。

02 在操作画面中调整好镜头位置，单击"拍照" 📷 按钮进行拍照，记录下动画关键帧位置，如图 10-56 所示。移动相机视角到下一镜头，变换拐点（即下一关键帧位置），重复上一步拍照，形成动态的视频片段。

图 10-55 摄像模式

图 10-56 记录关键帧

03 修改关键帧。选择关键帧镜头画面，重新设置相机视角后，单击画面上方的 按钮更新当前关键帧画面；也可以通过当前关键帧画面右上角的"插入新图像"按钮插入新的关键帧画面。对于不满意的关键帧，可以直接单击关键帧画面右上角的"删除"按钮删掉，如图 10-57 所示。

04 重复以上操作，记录多个关键帧位置，单击"确认"按钮完成动画镜头设置，如图 10-57 所示。完成设置后，进入播放动画画面，单击"播放"按钮预览动画效果，如图 10-58 所示。

成一整段动画，选择含数字的空白区域添加新的动画，录制完后单击"整个动画"按钮，则多段分开录制的动画自动连接成一段完整动画。单击"保存动画"按钮可以输出 MP4 格式的视频动画、图像序列、单张图像，如图 10-58 所示。

2. 设置特效

01 在动画设置模式下单击"添加特效"按钮，在弹出的动画特效中选择太阳特效，如图 10-59 所示。太阳特效可以通过滑条进行效果调节，如图 10-60 所示。

图 10-59　选择太阳特效

图 10-57　确认动画

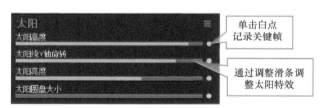

图 10-60　调节太阳特效

02 添加不同的太阳高度变化特效。单击图 10-60 中太阳高度特效滑条最后面的白色圆点记录第一个关键帧，如图 10-60 所示。白色圆点变成 符号，同时在下面的时间滑条（见图 10-61）上自动增加一个白色圆点，表示记录关键帧的位置。如果不需要此关键帧，可以再次单击 符号，删除关键帧， 符号则自动恢复成白色圆点。

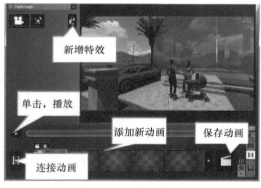

图 10-58　播放动画

05 在 Lumion 中可以录制多段动画共同组

图 10-61　添加特效关键帧

03 设置特效时间轴。单击图 10-61 中的"播放" ▶ 按钮播放动画（或者直接拉动播放时间滑条），到需要进行特效调整的下一个关键帧位置暂停，继续在新的时间位置记录新的关键帧，重复步骤 2 操作。重复以上操作即可添加多个关键帧完成特效制作，从而实现动态特效。

3. 导出动画

01 动画片段编辑完成后，单击"保存动画" ▣ 按钮，进入"导出动画视频设置"对话框。设置输出视频动画的播放速度（fps = frames per second，即帧 / 秒）、质量、分辨率，如图 10-62 所示。

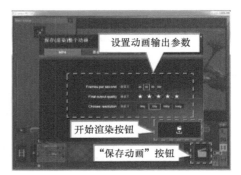

图 10-62　导出动画

02 单击开始动画导出（渲染）按钮 ▣，在弹出的对话框中设置动画导出的路径、类型、文件名，然后单击"保存"开始导出动画。

附　录

附录 A　Photoshop 常用命令一览表

1. 文件操作快捷键

命令	快捷键
新建	Ctrl+N
打开	Ctrl+O
保存	Ctrl+S
另存为	Ctrl+Shift+S
打印	Ctrl+P
撤销	Ctrl+Z
退出	Ctrl+Q

2. 工具栏快捷键

命令		图标	快捷键
移动			V
框选	矩形框选		M
	椭圆形框选		M
套索	一般套索		L
	多边形套索		L
	磁性套索		L
魔棒工具			W
剪裁工具			C

命令		图标	快捷键
吸管工具			I
污点修复画笔工具			J
画笔	画笔		B
	铅笔		B
仿制图章			S
历史记录画笔			Y
橡皮擦	一般橡皮擦		E
	背景橡皮擦		E
	魔术橡皮擦		E
填充	渐变		G
	油漆桶		G
减淡	减淡		O
	加深		O
	海绵		O
钢笔	钢笔		P
	自由钢笔		P
文字	横排文字	T	T
	直排文字	IT	T
路径选择	路径选择		A
	直接选择		A

（续）

命令		图标	快捷键
形状绘制	矩形工具	▢	U
	圆角矩形	▢	U
	椭圆	⬭	U
	多边形	⬡	U
	直线	╱	U
	自定义形状	✦	U
抓手	抓手	✋	H 或者空格键
	旋转视图	🖐	R
视图缩放	放大	🔍	Ctrl+ "+"
	缩小	🔍	Ctrl+ "−"

3. 图层操作快捷键

命令	快捷键
新建图层	Ctrl+Shift+N
以默认选项建立一个新建图层	Alt+Ctrl+Shift+N
复制图层	Ctrl+J
与前一图层编组	Ctrl+G
将当前层下移一层	Ctrl+ [
将当前层上移一层	Ctrl+]
激活下一图层	Alt+ [
激活上一图层	Alt+]
激活底部图层	Alt+Shift+ [
激活顶部图层	Alt+Shift+]
向下合并图层	Ctrl+E
合并可见图层	Ctrl+Shift+E
盖印可见图层	Alt+Shift+Ctrl+E
调节当前图层不透明度	0 ~9

4. 图像调整快捷键

命令	快捷键
色阶	Ctrl+L
自动调整色阶	Ctrl+Shift+L
自动调整对比度	Alt+Shift+Ctrl+L
曲线	Ctrl+M

（续）

命令	快捷键
去色	Ctrl+Shift+U
反相	Ctrl+I
色彩平衡	Ctrl+B
色相／饱和度	Ctrl+U

5. 编辑快捷键

命令	快捷键
自由变形	Ctrl+T
填充前景色	Alt+Delete
填充背景色	Ctrl+Delete
删除选框中的图像	Delete
复制	Ctrl+C
粘贴	Ctrl+V
标尺	Ctrl+R
按屏幕大小缩放	Ctrl+O
取消选区	Ctrl+D

6. 窗口开闭快捷键

命令	快捷键
画笔窗口	F5
图层窗口	F7
颜色窗口	F6

附录 B SketchUp 常用命令一览表

工具栏	命令	图标	快捷键
"标准"工具栏	新建		Ctrl+N
	打开		Ctrl+O
	保存		Ctrl+S
	另存为		Ctrl+Shift+S
	打印		Ctrl+P
	撤销		Ctrl+Z
	重做		

（续）

工具栏	命令	图标	快捷键
"常用"工具栏	选择		空格
	增加选择		激活选择工具后，按住 <Ctrl> 键
	交替选择		激活选择工具后，按住 <Shift> 键
	减少选择		激活选择工具后，按住 <Ctrl+Shift> 键
	全部选择		Ctrl+A
	创建组件		G
	颜料桶		B
	邻接填充		激活油漆桶工具后，按住 <Ctrl> 键
	替换填充		激活油漆桶工具后，按住 <Shift> 键
	邻接替换		激活油漆桶工具后，按住 <Ctrl+Shift> 键
	提取材质		激活油漆桶工具后，按住 <Alt> 键
	橡皮擦		E
	隐藏边界线		激活橡皮工具后，按住 <Shift> 键
	柔化边界线		激活橡皮工具后，按住 <Ctrl> 键
"编辑"工具栏	移动		M
	直线复制		激活移动工具后，按住 <Ctrl> 键
	直线阵列		完成直线复制后，输入数字 + "X" 或者数字 + "*"
	推拉		P
	推拉创建新的起始面		激活推拉工具后，按住 <Ctrl> 键
	旋转		Q
	旋转复制		激活旋转工具后，按住 <Ctrl> 键
	旋转阵列		完成旋转复制后，输入数字 + "X" 或者数字 + "*"
	路径跟随		
	缩放		S
	镜像		缩放时，缩放比例为 "-1"
	中心缩放		激活"缩放"命令后，按住 <Ctrl> 键
	等比缩放		激活"缩放"命令后，按住 <Shift> 键
	中心等比缩放		激活"缩放"命令后，按住 <Ctrl+Shift> 键
	偏移		F
"建筑施工"工具栏	卷尺		T
	尺寸标注		

工具栏	命令	图标	快捷键
"建筑施工"工具栏	量角器		
	绘制文字标签		
	重新确定坐标轴		
	写三维文字		
"观察"工具栏	环绕观察		O
	平移		H
	缩放		Z
	缩放窗口		Ctrl+Shift+W
	缩放范围		Shift+Z 或者 Ctrl+Shift+E
"镜头"工具栏	定位相机		
	绕轴旋转		
	漫游		
	剖切面		

参考文献

[1] 李淑玲.Photoshop CS2 景观效果图后期表现教程 [M].北京：化学工业出版社，2008.

[2] 王芬，马亮，边海，等.SketchUp 园林景观设计项目实践 [M].北京：人民邮电出版社，2012.

[3] 刘翔.VRAY FOR SKETCHUP 快速建模与渲染项目实践 [M].北京：人民邮电出版社，2012.

[4] 麓山文化.中文版 3ds max/VRay/Photoshop 园林景观效果图表现案例详解（2022 版）[M].北京：机械工业出版社，2022.